Math Sprints

Workbook 1

Tricia Salerno of SMARTTraining LLC

SM
Singapore Math Inc.

Published by Singapore Math Inc.

19535 SW 129th Avenue
Tualatin, OR 97062
www.singaporemath.com

Math Sprints Workbook 1
ISBN 978-1-932906-36-3

First published 2010
Reprinted 2012, 2014, 2016, 2019

Copyright © 2010 by Singapore Math Inc.
All rights reserved. No part of this publication may be reproduced, stored in a retrieval system, or transmitted in any form or by any means, electronic, mechanical, photocopying, recording or otherwise, without prior written permission of the publisher.

Printed in China

Acknowledgment
Cover design by Jopel Multimedia

Introduction

"They don't know their facts!" This is the common lament we hear from teachers and parents around the United States. This book is here to help. Contained herein are math activities called "Sprints."

A sprint is a timed math test for FUN! That's right…There is no external pressure to achieve a certain score on sprints. The clear statement to your child that these are not for a grade should alleviate any math anxiety which sometimes arises during timed tests. It is important to let your child know that this is simply a competition against himself to improve mental math skills and it is for fun.

Act as if your child is actually involved in a race. Make it exciting. "On your mark, get set, GO!" Your child races to beat her own score and completes as many problems as possible in 60 seconds.

Importance of Math Facts

The importance of automatic recall of basic math facts has been argued in the past. In this day of technology, some say, why is it important to know the product of 6 and 8 when you can press a few buttons and have the answer quickly? In fact, you may have grown up with calculators in your hands and may have no idea how to help your child with mastering math facts because you don't know the facts yourself.

One of the problems with lack of automaticity with math facts is that if too much mental energy has to be spent recalling a basic fact, there's no mental energy left to solve the problem. Gersten and Chard stated:

> "Researchers explored the devastating effects of the lack of automaticity in several ways. Essentially they argued that the human mind has a limited capacity to process information, and if too much energy goes into figuring out what 9 plus 8 equals, little is left over to understand the concepts underlying multi-digit subtraction, long division, or complex multiplication." Gersten, R. and Chard, D. Number sense: Rethinking arithmetic instruction for students with mathematical disabilities. *Journal of Special Education* (1999), 3, 18–29 (1999).

Importance of Mental Math

Mental math is important for many reasons. Cathy Seeley, former president of the NCTM, stated:

> "Mental math is often associated with the ability to do computations quickly, but in its broadest sense, mental math also involves conceptual understanding and problem solving….Problem solving continues to be a high priority in school mathematics. Some argue that it is the most important mathematical goal for our students. Mental math provides both tools for solving problems and filters for evaluating answers. When a student has strong mental math skills, he or she can quickly test different approaches to a problem and determine whether the resulting path will lead toward a viable solution." (*NCTM News Bulletin*, December 2005).

Adrenaline

Research has proven that adrenaline aids memory. James McGaugh, a Professor of neurobiology at the University of California at Irvine, proved that adrenaline makes our brains remember better. When a sprint is given with a sense of urgency, as in a race, if your student experiences a rush of adrenaline, this can aid memory of the mental math being tested. It also makes the exercise significantly more fun!

About this Book

The Singapore Math curriculum stresses the use of mental math. These books are particularly useful to parents using Singapore Math material. In fact, sprints are useful to all parents interested in developing mental math fluency in their children.

These books were originally written for use in a classroom situation. They are reproduced here as a workbook for use in the home or in a setting with only a few students. The section below is an adaptation of how to give a sprint in a classroom situation. You can make further adaptations to meet your own child's needs, but be sure the keep it FUN! You will see that your child is racing to beat his own score each time he take one of these tests.

Each sprint is differentiated. The A sheet of each half of the sprint is easier than the B sheet. If you look closely at the A and B sheets of each sprint, the answers to the problems are the same. Many of the problems on the B sheets, however, require more mental calculation. If you have a child of average mental math abilities, you could give the A sheets first and the B sheets next, or later in the year, or not at all for that student. If you have a child that is strong in mental math abilities, you could give only the B sheet.

You may want to buy a sprint book at a level below the grade you teach so that your child gets used to taking sprints and feels very successful with them. Particularly if your child's mental math fluency is not where it should be, you can help her build it gradually by starting at a lower level.

If you are teaching more than one child, you may want to buy sprint books for each of their levels and administer the sprints to all of your children at the same time. You will have to read the answers separately for each child, though.

It is important to let your child know that this is simply a competition against himself to improve mental math skills and it is for fun. It is NOT for a grade.

How to Give a Sprint

1. Determine which sprint you want to give by looking at the topic of each. Each sprint has an A first half, an A second half, a B first half, and a B second half. The B sheets are for children stronger in math.

2. Give your child the workbook opened up to the page, face-down, of a "First Half" sheet for her to attempt to complete in 1 minute. Instruct your child not to turn the page face-up until told to "GO!" Get your child excited and enthuse: "On your mark, get set, GO!" and start your timer.

3. When the timer rings indicating one minute has elapsed, instruct your child to:

    a) stop working
    b) **draw a line under** the last problem completed
    c) put her pencil down.

4. Read the correct answers while your child pumps her hand in the air and respond "**yes**" to each problem that was answered correctly. Tell your child to mark the number of correct problems at the top of the page. If you are

administering the test to several children at different levels, you can have the other children complete the rest of the worksheet as you read the answers for one child.

5. Ask your child to complete the rest of the worksheet.
6. Let your child stand-up, stretch, run around, do jumping-jacks, etc.
7. Have your child sit back down and be ready to turn the page to do the reverse side, the second half.
8. Tell your child that the goal in this second half of the sprint is to beat his first score by at least one. **The child is competing only with himself.**
9. Repeat the preceding procedure through step 4, except that after making the correct number of problems at the top of the page, have your child compare the score on the first half to the score she got on the second half.

A good sprint:

1. Consists of two halves which test the same ONE skill. These are NOT random facts.
2. Builds in difficulty.
3. Is challenging enough that no one will be able to finish the first half in a minute.

NOTE: Look at each sprint and determine if your particular child can finish each half of a sprint in less than a minute. Some of the sprints have fewer problems than others. There is nothing wrong with doing a 30-second or 45-second sprint. Feel free to adjust the timing for your child, but be sure to keep the sense of urgency.

Acknowledgments

This series of books is due to the assistance of many people. Sprints are the brainchild of Dr. Yoram Sagher. Special thanks go to Ben Adler, Sam Adler, Laina Salerno and T. J. Salerno for their hours spent taking and re-taking the sprints contained herein. Linda West made it all come together. Thank you, thank you, thank you.

Math Sprints 1

101 A — What number is missing? — **First Half**

1.	1, _2_, 3		16.	3, 2, _1_
2.	2, 3, _4_		17.	4, 3, _2_, 1
3.	5, 6, _7_, 8		18.	7, _6_, 5
4.	7, 8, _9_		19.	9, 8, _7_
5.	3, 4, _5_, 6		20.	10, _9_, 8, 7
6.	2, _3_, 4		21.	5, 4, _3_
7.	4, _5_, 6		22.	6, _5_, 4
8.	6, 7, _8_		23.	7, 6, _5_
9.	7, _8_, 9		24.	10, 9, _8_
10.	_2_, 3, 4, 5		25.	9, _8_, 7
11.	1, 2, _3_		26.	_7_, 6, 5, 4
12.	3, _4_, 5, 6		27.	_5_, 4, 3, 2
13.	4, 5, _6_		28.	_10_, 9, 8
14.	5, 6, 7, _8_		29.	_7_, 6, 5
15.	6, _7_, 8		30.	3, 2, 1, _0_

Math Sprints 1

101 A What number is missing? Second Half

1.	1, 2, __3__	16.	__3__, 2, 1
2.	2, 3, __4__	17.	4, 3, __2__, 1
3.	5, __6__, 7, 8	18.	7, 6, __5__
4.	7, __8__, 9	19.	9, __8__, 7
5.	3, 4, __5__, 6	20.	10, __9__, 8, 7
6.	2, 3, __4__	21.	5, 4, __3__
7.	4, 5, __6__	22.	6, __5__, 4
8.	6, __7__, 8	23.	7, 6, __5__
9.	7, __8__, 9	24.	10, 9, __8__
10.	__2__, 3, 4, 5	25.	9, __8__, 7
11.	1, 2, __3__	26.	__7__, 6, 5, 4
12.	3, __4__, 5, 6	27.	__5__, 4, 3, 2
13.	4, 5, __6__	28.	__10__, 9, 8
14.	5, 6, 7, __8__	29.	__7__, 6, 5
15.	6, __7__, 8	30.	3, 2, 1, __0__

Math Sprints 1

101 B — What number is missing? — **First Half**

1.	**4**, 3, 4	16.	_____, 3, 5
2.	**4**, 5, 6, 7	17.	_____, 4, 6
3.	5, **6 7 8**, 9	18.	10, 8, _____, 4
4.	7, 8, **9**, 10	19.	9, 8, _____
5.	**5**, 6, 7	20.	10, **9**, 8
6.	5, 4, **3**, 2	21.	6, 5, 4, _____
7.	7, 6, **5**	22.	1, 2, 3, 4, _____
8.	6, **7 8 9**, 10	23.	7, _____, 3
9.	6, 7, **8**	24.	_____ 9, 10
10.	3, **2**, 1	25.	2, 4, 6, _____
11.	5, 4, **3**, 2	26.	10, 9, 8, _____
12.	**4**, 3, 2	27.	8, 7, 6, _____, 4
13.	3, **4 5 6 7 8**, 9	28.	4, 6, 8, _____
14.	2, 4, 6, **8**	29.	1, 3, 5, _____, 9
15.	10, 9, 8, _____	30.	_____, 2, 4

Math Sprints 1

101 B — What number is missing? — Second Half

#		#	
1.	2, _____, 4	16.	1, _____, 5
2.	_____, 5, 6, 7	17.	_____, 4, 6
3.	_____, 7, 8, 9	18.	9, 7, _____, 3
4.	7, _____, 9, 10	19.	9, _____, 7
5.	_____, 6, 7	20.	10, _____, 8
6.	5, _____, 3, 2	21.	6, 5, 4, _____
7.	7, _____, 5	22.	1, 2, 3, 4, _____
8.	_____, 8, 9, 10	23.	7, _____, 3
9.	6, 7, _____	24.	_____, 9, 10
10.	3, _____, 1	25.	2, 4, 6, _____
11.	5, 4, _____, 2	26.	10, 9, 8, _____
12.	_____, 3, 2	27.	8, 7, 6, _____, 4
13.	3, _____, 9	28.	4, 6, 8, _____
14.	2, 4, 6, _____	29.	1, 3, 5, _____, 9
15.	10, 9, 8, _____	30.	_____, 2, 4

Math Sprints 1

102 A   Circle the greatest number.   First Half

1.	1 2 3	16.	19 7 18 20 3
2.	4 5 6	17.	16 15 14 17 13
3.	5 6 9 10	18.	16 20 13 14 15
4.	6 12 10 8	19.	3 17 18 13 14
5.	12 10 8 6	20.	1 19 3 17 15 14
6.	8 6 14 10	21.	16 14 18 15 20 17
7.	16 14 10 12	22.	1 5 10 15 19 6
8.	18 16 6 20	23.	20 18 19 5 3 17
9.	8 2 20 17	24.	5 8 20 15 12 13
10.	3 18 6 15	25.	16 19 15 14 17 13
11.	14 4 8 6 9	26.	8 6 4 14 20 13 17
12.	8 7 5 15 4	27.	7 9 3 13 6 19 17
13.	12 6 14 7 3	28.	19 18 15 13 12 8 14
14.	18 3 9 5 15	29.	2 20 3 18 14 17 15
15.	7 5 13 15 18	30.	18 14 13 19 15 17 12

© Singapore Math Inc.

Math Sprints 1

102 A Circle the greatest number. Second Half

#	Numbers	#	Numbers
1.	2 3 4	16.	18 5 17 14 3
2.	3 4 5	17.	12 11 13 10 15
3.	2 4 6 8	18.	12 13 11 16 15
4.	6 11 10 8	19.	3 15 12 13 14
5.	10 12 9 6	20.	1 19 3 17 15 14
6.	11 6 13 10	21.	16 14 18 15 20 17
7.	10 13 15 12	22.	1 5 10 15 19 6
8.	10 13 16 12	23.	20 18 19 5 3 17
9.	8 2 20 17	24.	5 8 20 15 12 13
10.	3 18 6 15	25.	16 19 15 14 17 13
11.	14 4 8 6 9	26.	8 6 4 14 20 13 17
12.	8 7 5 15 4	27.	7 9 3 13 6 19 17
13.	12 6 14 7 3	28.	19 18 15 13 12 8 14
14.	18 3 9 5 15	29.	2 20 3 18 14 17 15
15.	7 5 13 15 18	30.	18 14 13 19 15 17 12

Math Sprints 1

102 B — Circle the greatest number. — **First Half**

1.	2 3 1	16.	15 20 9 13 18 17 14
2.	5 6 4	17.	17 13 15 16 12 8 0
3.	2 4 3 5 10	18.	13 15 18 20 19 16 14
4.	8 4 0 12 5	19.	8 12 16 18 3 5 7
5.	9 3 4 0 12 10	20.	7 17 15 19 13 14 18
6.	5 10 6 14 8 12	21.	17 16 19 18 20 14 15
7.	13 12 16 4 8 10	22.	15 5 17 19 18 14 13
8.	7 20 18 19 13 14	23.	3 17 18 2 20 19 16
9.	19 3 0 10 20 16	24.	10 20 15 19 12 14 16
10.	17 3 10 18 12 15	25.	13 15 19 18 16 14 17
11.	13 9 3 14 8 0 12	26.	20 18 16 13 12 17 15 19
12.	15 13 12 14 8 10 11	27.	17 9 14 19 13 15 16 18
13.	7 3 10 14 11 12 13	28.	14 3 15 19 13 17 16 18
14.	6 16 3 13 18 8 14	29.	10 17 3 20 17 12 16 15
15.	14 13 18 12 11 10	30.	17 15 13 19 12 14 18 16

© Singapore Math Inc.

Math Sprints 1

102 B Circle the greatest number. Second Half

1.	4 3 1	16.	15 12 9 13 18 17 14
2.	5 3 4	17.	12 13 15 14 11 8 0
3.	2 4 3 5 8	18.	16 15 11 13 12 10 14
4.	8 4 10 11 5	19.	8 12 6 15 3 5 7
5.	9 3 4 0 12 10	20.	7 17 15 19 13 14 18
6.	5 13 6 11 8 12	21.	17 16 19 18 20 14 15
7.	13 11 15 4 8 10	22.	15 5 17 19 18 14 13
8.	7 12 8 16 13 14	23.	3 17 18 2 20 19 16
9.	19 3 0 10 20 16	24.	10 20 15 19 12 14 16
10.	17 3 10 18 12 15	25.	13 15 19 18 16 14 17
11.	13 9 3 14 8 0 12	26.	20 18 16 13 12 17 15 19
12.	15 13 12 14 8 10 11	27.	17 9 14 19 13 15 16 18
13.	7 3 10 14 11 12 13	28.	14 3 15 19 13 17 16 18
14.	6 16 3 13 18 8 14	29.	10 17 3 20 17 12 16 15
15.	14 13 18 12 11 10	30.	17 15 13 19 12 14 18 16

Math Sprints 1

103 A   Add.   First Half

1.	2 + 1 =	16.	7 + 2 =
2.	3 + 1 =	17.	8 + 2 =
3.	4 + 1 =	18.	4 + 0 =
4.	7 + 1 =	19.	6 + 0 =
5.	5 + 1 =	20.	8 + 0 =
6.	9 + 1 =	21.	10 + 0 =
7.	8 + 1 =	22.	4 + 3 =
8.	6 + 1 =	23.	5 + 3 =
9.	1 + 1 =	24.	7 + 3 =
10.	4 + 1 =	25.	6 + 3 =
11.	4 + 2 =	26.	3 + 3 =
12.	4 + 3 =	27.	0 + 3 =
13.	5 + 2 =	28.	1 + 3 =
14.	5 + 3 =	29.	4 + 3 =
15.	6 + 2 =	30.	2 + 3 =

© Singapore Math Inc.

Math Sprints 1

103 A   Add.   Second Half

1.	1 + 1 =	16.	7 + 2 =
2.	2 + 1 =	17.	8 + 2 =
3.	4 + 1 =	18.	4 + 0 =
4.	6 + 1 =	19.	6 + 0 =
5.	5 + 1 =	20.	8 + 0 =
6.	7 + 1 =	21.	10 + 0 =
7.	8 + 1 =	22.	4 + 3 =
8.	6 + 1 =	23.	5 + 3 =
9.	1 + 1 =	24.	4 + 3 =
10.	4 + 1 =	25.	6 + 3 =
11.	4 + 2 =	26.	5 + 3 =
12.	4 + 3 =	27.	0 + 3 =
13.	5 + 2 =	28.	2 + 3 =
14.	5 + 3 =	29.	4 + 3 =
15.	6 + 2 =	30.	6 + 3 =

Math Sprints 1

103 B   Add.   First Half

1.	1 + 2 =	16.	2 + 7 =
2.	1 + 3 =	17.	3 + 7 =
3.	2 + 3 =	18.	0 + 4 =
4.	5 + 3 =	19.	0 + 6 =
5.	1 + 5 =	20.	3 + 5 =
6.	8 + 2 =	21.	8 + 1 + 1 =
7.	2 + 7 =	22.	4 + 3 + 0 =
8.	2 + 5 =	23.	5 + 2 + 1 =
9.	0 + 2 =	24.	4 + 3 + 3 =
10.	1 + 4 =	25.	3 + 3 + 3 =
11.	2 + 4 =	26.	1 + 2 + 3 =
12.	3 + 4 =	27.	0 + 1 + 2 =
13.	1 + 6 =	28.	1 + 0 + 2 + 1 =
14.	1 + 7 =	29.	1 + 2 + 3 + 1 =
15.	2 + 6 =	30.	1 + 2 + 0 + 2 =

Math Sprints 1

103 B   Add.   Second Half

1.	1 + 1 =	16.	2 + 7 =
2.	0 + 3 =	17.	3 + 7 =
3.	2 + 3 =	18.	0 + 4 =
4.	5 + 2 =	19.	0 + 6 =
5.	1 + 5 =	20.	3 + 5 =
6.	6 + 2 =	21.	8 + 1 + 1 =
7.	1 + 1 + 7 =	22.	4 + 3 + 0 =
8.	2 + 3 + 2 =	23.	5 + 2 + 1 =
9.	0 + 2 =	24.	4 + 2 + 1 =
10.	1 + 4 =	25.	3 + 3 + 3 =
11.	2 + 4 =	26.	3 + 2 + 3 =
12.	3 + 4 =	27.	0 + 1 + 2 =
13.	1 + 6 =	28.	1 + 1 + 2 + 1 =
14.	1 + 7 =	29.	1 + 2 + 3 + 1 =
15.	2 + 6 =	30.	1 + 2 + 4 + 2 =

Math Sprints 1

104 A Fill in the missing number. First Half

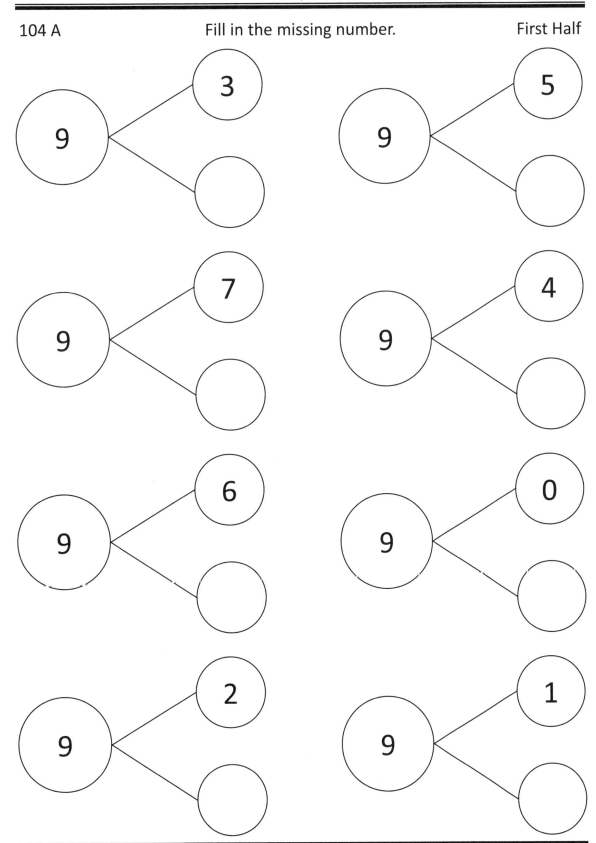

Page 13

Math Sprints 1

104 A Fill in the missing number. Second Half

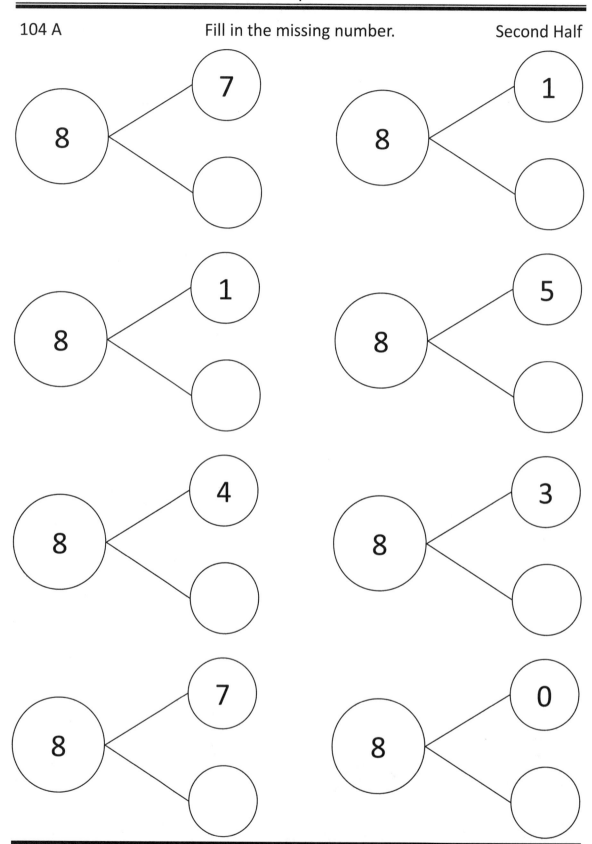

Math Sprints 1

104 B Fill in the missing number. First Half

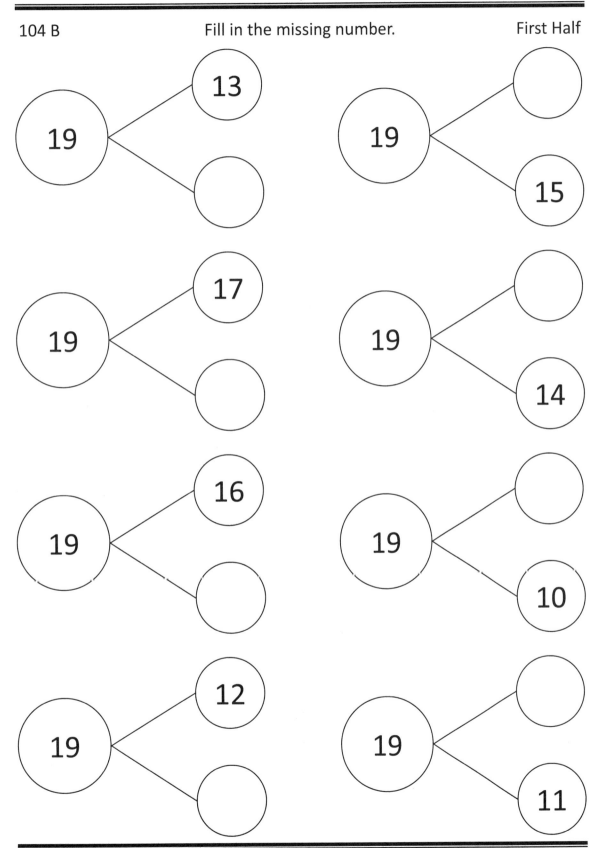

Math Sprints 1

104 B Fill in the missing number. Second Half

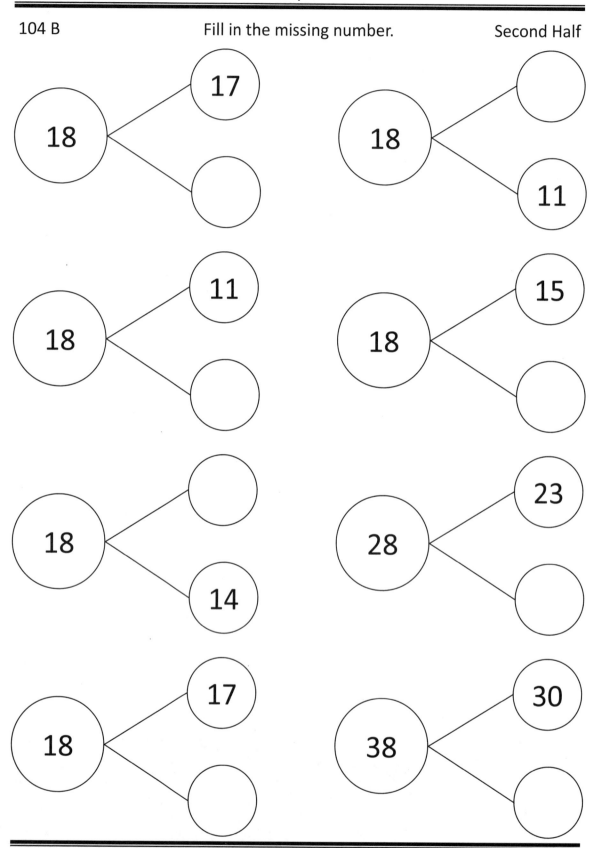

Math Sprints 1

105 A Fill in the missing number. First Half

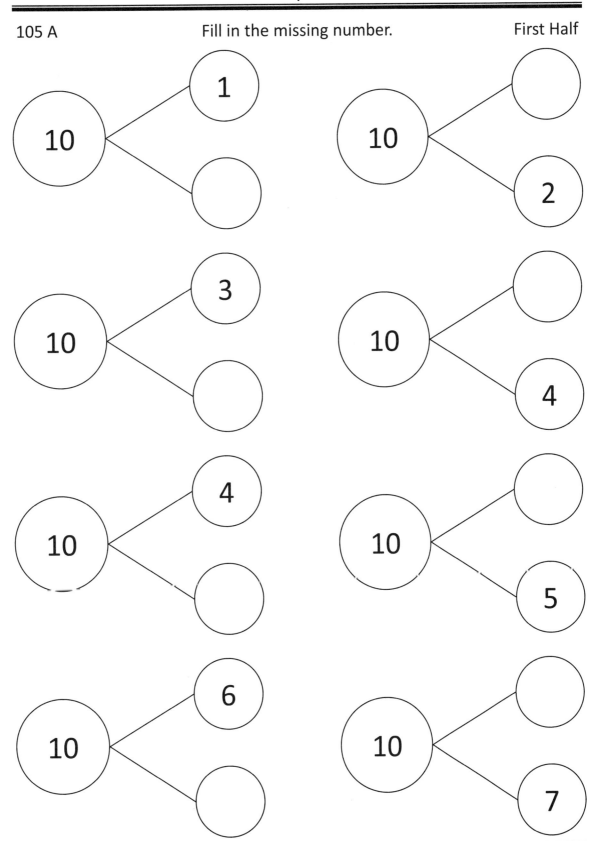

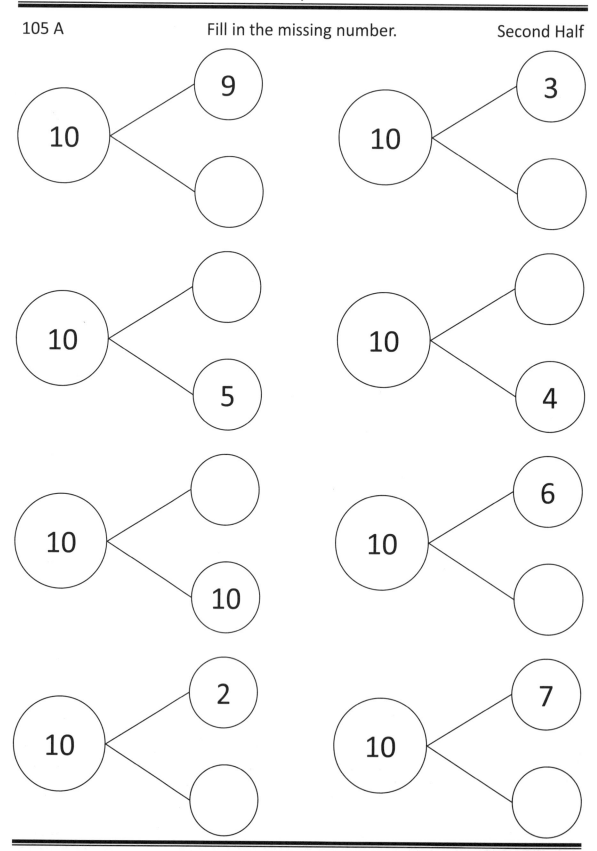

Math Sprints 1

105 B Fill in the missing number. First Half

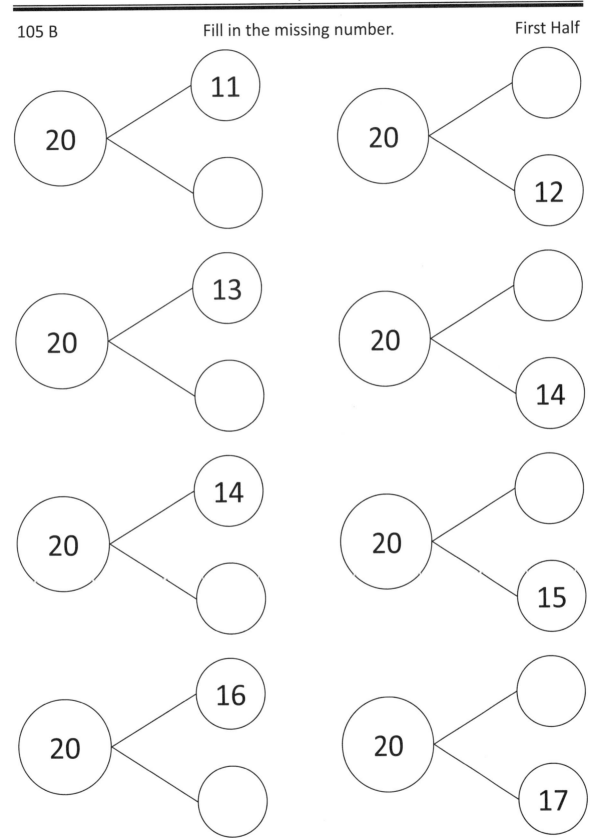

Page 19

Math Sprints 1

105 B   Fill in the missing number.   Second Half

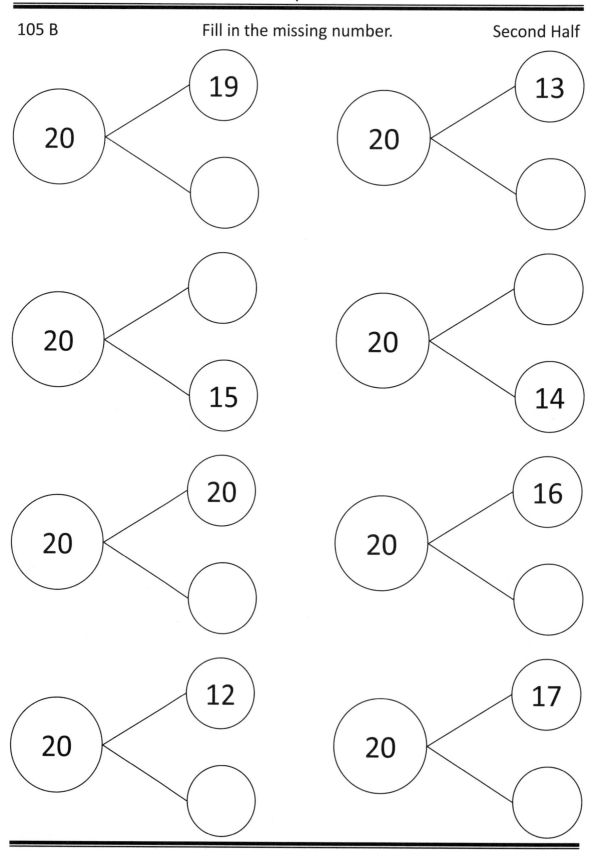

Math Sprints 1

106 A Fill in the missing number. First Half

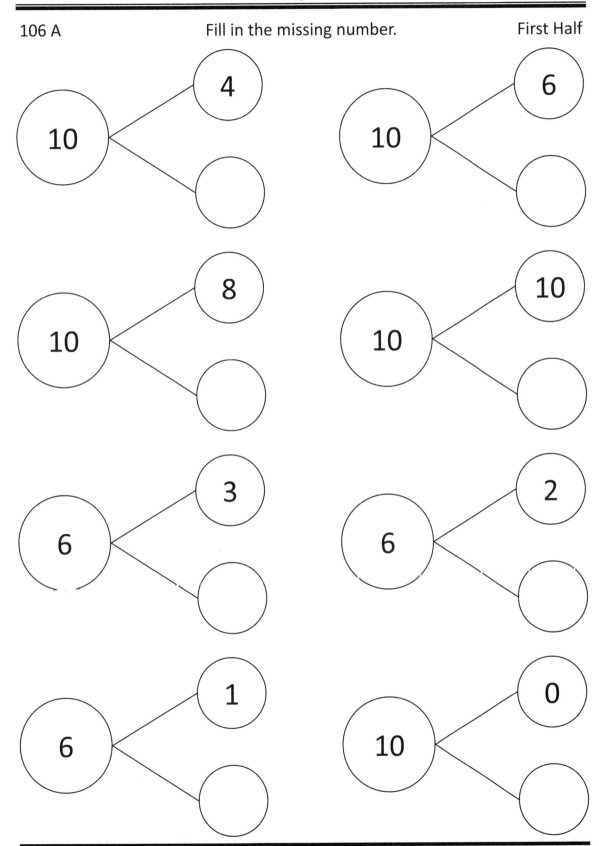

Math Sprints 1

106 A   Fill in the missing number.   Second Half

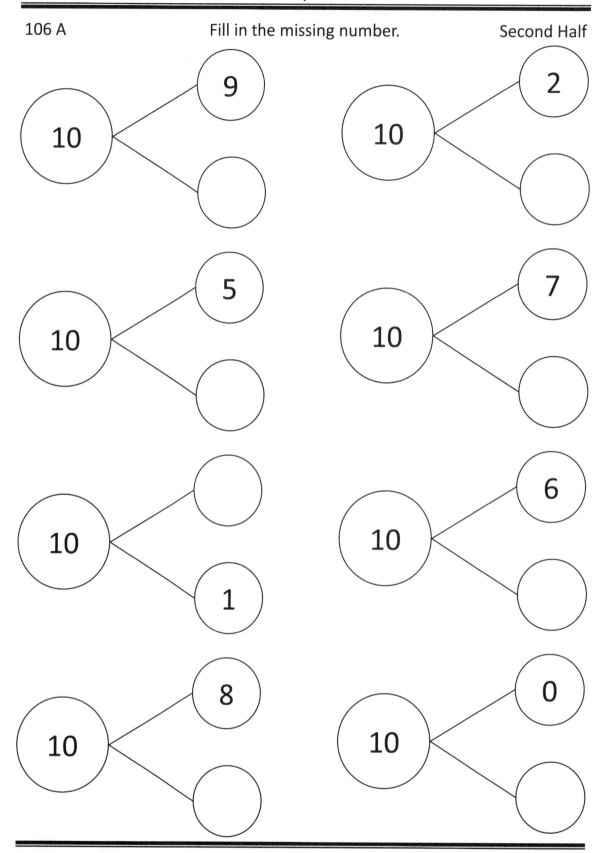

Math Sprints 1

106 B   Fill in the missing number.   First Half

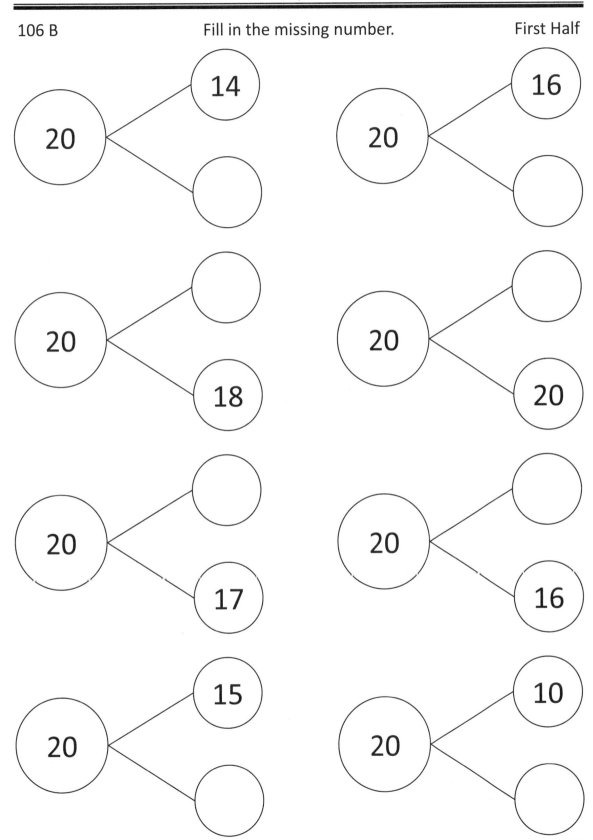

Math Sprints 1

106 B Fill in the missing number. Second Half

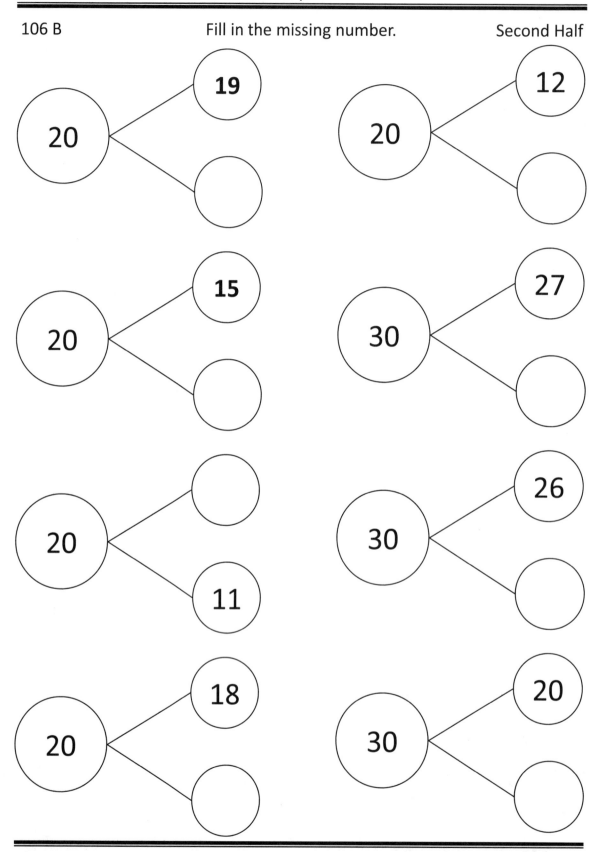

Page 24

Math Sprints 1

107 A What number is missing? First Half

1.	9 + ___ = 10	16.	0 + ___ = 10
2.	8 + ___ = 10	17.	___ + 9 = 10
3.	7 + ___ = 10	18.	___ + 8 = 10
4.	5 + ___ = 10	19.	___ + 6 = 10
5.	3 + ___ = 10	20.	___ + 4 = 10
6.	2 + ___ = 10	21.	___ + 7 = 10
7.	1 + ___ = 10	22.	___ + 5 = 10
8.	4 + ___ = 10	23.	___ + 1 = 10
9.	7 + ___ = 10	24.	___ + 0 = 10
10.	3 + ___ = 10	25.	___ + 10 = 10
11.	9 + ___ = 10	26.	___ + 2 = 10
12.	1 + ___ = 10	27.	___ + 3 = 10
13.	8 + ___ = 10	28.	___ + 6 = 10
14.	2 + ___ = 10	29.	___ + 8 = 10
15.	10 + ___ = 10	30.	___ + 2 = 10

© Singapore Math Inc.

Math Sprints 1

107 A — What number is missing? — Second Half

#	Problem	#	Problem
1.	9 + ____ = 10	16.	2 + ____ = 10
2.	7 + ____ = 10	17.	____ + 8 = 10
3.	8 + ____ = 10	18.	____ + 7 = 10
4.	4 + ____ = 10	19.	____ + 6 = 10
5.	3 + ____ = 10	20.	____ + 5 = 10
6.	1 + ____ = 10	21.	____ + 7 = 10
7.	0 + ____ = 10	22.	____ + 4 = 10
8.	4 + ____ = 10	23.	____ + 1 = 10
9.	9 + ____ = 10	24.	____ + 0 = 10
10.	5 + ____ = 10	25.	____ + 10 = 10
11.	9 + ____ = 10	26.	____ + 2 = 10
12.	1 + ____ = 10	27.	____ + 3 = 10
13.	8 + ____ = 10	28.	____ + 6 = 10
14.	2 + ____ = 10	29.	____ + 8 = 10
15.	10 + ____ = 10	30.	____ + 2 = 10

Math Sprints 1

107 B — What number is missing? — **First Half**

1.	9 + ____ = 10	16.	0 + ____ = 10
2.	7 + 1 + ____ = 10	17.	6 + 3 + ____ = 10
3.	4 + 3 + ____ = 10	18.	5 + ____ + 3 = 10
4.	2 + 3 + ____ = 10	19.	5 + ____ + 1 = 10
5.	1 + 2 + ____ = 10	20.	2 + ____ + 2 = 10
6.	2 + ____ = 10	21.	3 + ____ + 4 = 10
7.	0 + 1 + ____ = 10	22.	0 + ____ + 5 = 10
8.	3 + 1 + ____ = 10	23.	1 + 0 + ____ = 10
9.	5 + 2 + ____ = 10	24.	0 + 0 + ____ = 10
10.	1 + 2 + ____ = 10	25.	3 + ____ + 7 = 10
11.	7 + 2 + ____ = 10	26.	1 + ____ + 1 = 10
12.	1 + 0 + ____ = 10	27.	1 + ____ + 2 = 10
13.	4 + 4 + ____ = 10	28.	1 + ____ + 5 = 10
14.	2 + 0 + ____ = 10	29.	2 + ____ + 6 = 10
15.	4 + 6 + ____ = 10	30.	1 + ____ + 1 = 10

© Singapore Math Inc.

Math Sprints 1

107 B — What number is missing? — Second Half

#	Problem	#	Problem
1.	9 + ____ = 10	16.	2 + ____ = 10
2.	6 + 1 + ____ = 10	17.	6 + 2 + ____ = 10
3.	4 + 4 + ____ = 10	18.	4 + ____ + 3 = 10
4.	2 + 2 + ____ = 10	19.	5 + ____ + 1 = 10
5.	1 + 2 + ____ = 10	20.	2 + ____ + 3 = 10
6.	1 + ____ = 10	21.	3 + ____ + 4 = 10
7.	0 + ____ = 10	22.	0 + ____ + 4 = 10
8.	3 + 1 + ____ = 10	23.	1 + 0 + ____ = 10
9.	5 + 4 + ____ = 10	24.	0 + 0 + ____ = 10
10.	3 + 2 + ____ = 10	25.	3 + ____ + 7 = 10
11.	7 + 2 + ____ = 10	26.	1 + ____ + 1 = 10
12.	1 + 0 + ____ = 10	27.	2 + ____ + 1 = 10
13.	4 + 4 + ____ = 10	28.	1 + ____ + 5 = 10
14.	2 + 0 + ____ = 10	29.	2 + ____ + 6 = 10
15.	4 + 6 + ____ = 10	30.	1 + ____ + 1 = 10

Math Sprints 1

108 A Subtract. First Half

1.	$3 - 1 =$	16.	$10 - 3 =$
2.	$4 - 1 =$	17.	$8 - 3 =$
3.	$5 - 1 =$	18.	$6 - 3 =$
4.	$3 - 2 =$	19.	$9 - 3 =$
5.	$4 - 2 =$	20.	$7 - 3 =$
6.	$5 - 2 =$	21.	$6 - 3 =$
7.	$6 - 2 =$	22.	$4 - 3 =$
8.	$8 - 2 =$	23.	$3 - 3 =$
9.	$10 - 2 =$	24.	$5 - 3 =$
10.	$9 - 2 =$	25.	$8 - 1 =$
11.	$7 - 2 =$	26.	$6 - 2 =$
12.	$2 - 2 =$	27.	$4 - 3 =$
13.	$5 - 3 =$	28.	$9 - 2 =$
14.	$4 - 3 =$	29.	$10 - 3 =$
15.	$6 - 3 =$	30.	$8 - 3 =$

Math Sprints 1

108 A   Subtract.   Second Half

1.	$2 - 1 =$	16.	$9 - 3 =$
2.	$3 - 1 =$	17.	$7 - 3 =$
3.	$4 - 1 =$	18.	$8 - 3 =$
4.	$4 - 2 =$	19.	$6 - 3 =$
5.	$5 - 2 =$	20.	$7 - 3 =$
6.	$3 - 2 =$	21.	$10 - 3 =$
7.	$6 - 2 =$	22.	$5 - 3 =$
8.	$8 - 2 =$	23.	$3 - 3 =$
9.	$10 - 2 =$	24.	$5 - 3 =$
10.	$9 - 2 =$	25.	$8 - 1 =$
11.	$7 - 2 =$	26.	$6 - 2 =$
12.	$2 - 2 =$	27.	$4 - 3 =$
13.	$5 - 3 =$	28.	$9 - 2 =$
14.	$4 - 3 =$	29.	$10 - 3 =$
15.	$6 - 3 =$	30.	$8 - 3 =$

Math Sprints 1

108 B Subtract. First Half

1.	3 − 1 =	16.	10 − 3 =
2.	7 − 4 =	17.	9 − 4 =
3.	7 − 3 =	18.	10 − 7 =
4.	10 − 9 =	19.	10 − 4 =
5.	10 − 8 =	20.	10 − 6 =
6.	9 − 6 =	21.	9 − 6 =
7.	9 − 5 =	22.	6 − 4 − 1 =
8.	10 − 4 =	23.	2 − 2 =
9.	9 − 1 =	24.	5 − 1 − 2 =
10.	10 − 3 =	25.	9 − 1 − 1 =
11.	10 − 5 =	26.	7 − 1 − 2 =
12.	7 − 7 =	27.	7 − 6 =
13.	9 − 7 =	28.	10 − 1 − 2 =
14.	6 − 5 =	29.	10 − 2 − 1 =
15.	8 − 5 =	30.	9 − 1 − 3 =

Math Sprints 1

108 B   Subtract.   Second Half

1.	$2 - 1 =$	16.	$9 - 3 =$
2.	$8 - 6 =$	17.	$9 - 5 =$
3.	$7 - 4 =$	18.	$10 - 5 =$
4.	$10 - 8 =$	19.	$10 - 7 =$
5.	$10 - 7 =$	20.	$10 - 6 =$
6.	$9 - 6 - 2 =$	21.	$9 - 1 - 1 =$
7.	$9 - 5 =$	22.	$6 - 3 - 1 =$
8.	$10 - 4 =$	23.	$2 - 2 =$
9.	$9 - 1 =$	24.	$5 - 1 - 2 =$
10.	$10 - 3 =$	25.	$9 - 1 - 1 =$
11.	$10 - 5 =$	26.	$7 - 1 - 2 =$
12.	$7 - 7 =$	27.	$7 - 6 =$
13.	$9 - 7 =$	28.	$10 - 1 - 2 =$
14.	$6 - 5 =$	29.	$10 - 2 - 1 =$
15.	$8 - 5 =$	30.	$9 - 1 - 3 =$

Math Sprints 1

109 A   Add or Subtract.   First Half

1.	4 + 1 =	16.	8 − 1 =
2.	1 + 4 =	17.	7 + 2 =
3.	5 − 4 =	18.	2 + 7 =
4.	5 − 1 =	19.	9 − 7 =
5.	5 + 2 =	20.	9 − 2 =
6.	2 + 3 =	21.	4 + 3 =
7.	5 − 3 =	22.	3 + 4 =
8.	5 − 2 =	23.	7 − 4 =
9.	6 + 2 =	24.	7 − 3 =
10.	2 + 6 =	25.	6 + 3 =
11.	8 − 6 =	26.	3 + 6 =
12.	8 − 2 =	27.	9 − 6 =
13.	7 + 1 =	28.	9 − 3 =
14.	1 + 7 =	29.	10 − 2 =
15.	8 − 7 =	30.	10 − 3 =

Math Sprints 1

109 A   Add or Subtract.   Second Half

1.	3 + 1 =	16.	7 − 1 =
2.	1 + 3 =	17.	6 + 2 =
3.	5 − 3 =	18.	1 + 7 =
4.	6 − 1 =	19.	9 − 6 =
5.	4 + 2 =	20.	8 − 2 =
6.	2 + 4 =	21.	3 + 3 =
7.	6 − 3 =	22.	3 + 5 =
8.	6 − 2 =	23.	6 − 4 =
9.	6 + 2 =	24.	7 − 3 =
10.	2 + 6 =	25.	6 + 3 =
11.	8 − 6 =	26.	3 + 6 =
12.	8 − 2 =	27.	9 − 6 =
13.	7 + 1 =	28.	9 − 3 =
14.	1 + 7 =	29.	10 − 2 =
15.	8 − 7 =	30.	10 − 3 =

Math Sprints 1

109 B   Subtract.   First Half

1.	20 − 15 =	16.	19 − 12 =
2.	19 − 14 =	17.	20 − 11 =
3.	18 − 17 =	18.	18 − 9 =
4.	18 − 14 =	19.	16 − 14 =
5.	18 − 11 =	20.	20 − 13 =
6.	12 − 7 =	21.	18 − 11 =
7.	16 − 14 =	22.	14 − 7 =
8.	13 − 10 =	23.	11 − 8 =
9.	19 − 11 =	24.	12 − 8 =
10.	20 − 12 =	25.	20 − 11 =
11.	17 − 15 =	26.	18 − 9 =
12.	17 − 11 =	27.	19 − 16 =
13.	17 − 9 =	28.	19 − 13 =
14.	18 − 10 =	29.	18 − 10 =
15.	1 − 0 =	30.	20 − 13 =

Math Sprints 1

109 B Subtract. Second Half

1.	20 − 16 =	16.	19 − 13 =
2.	19 − 15 =	17.	20 − 12 =
3.	18 − 16 =	18.	18 − 10 =
4.	18 − 13 =	19.	16 − 13 =
5.	16 − 10 =	20.	20 − 14 =
6.	12 − 6 =	21.	18 − 12 =
7.	17 − 14 =	22.	14 − 6 =
8.	13 − 9 =	23.	11 − 9 =
9.	19 − 11 =	24.	12 − 8 =
10.	20 − 12 =	25.	20 − 11 =
11.	17 − 15 =	26.	18 − 9 =
12.	17 − 11 =	27.	19 − 16 =
13.	17 − 9 =	28.	19 − 13 =
14.	18 − 10 =	29.	18 − 10 =
15.	1 − 0 =	30.	20 − 13 =

Math Sprints 1

110 A What is the missing number? **First Half**

1.	5, _____, 7	16.	14, 13, _____
2.	8, 9, 10, _____	17.	13, 12, 11, _____
3.	10, 11, 12, _____	18.	15, _____, 13, 12
4.	9, 10, _____	19.	16, 15, 14, _____
5.	12, 13, _____	20.	17, _____, 15
6.	14, 15, _____	21.	20, 19, 18, _____
7.	17, 18, _____	22.	19, 18, 17, _____
8.	11, 12, 13, _____	23.	17, _____, 15
9.	15, 16, _____	24.	14, 13, 12, _____
10.	16, 17, 18, _____	25.	16, _____, 14
11.	17, 18, 19, _____	26.	20, _____, 18
12.	7, 6, 5, _____	27.	17, 16, _____, 14
13.	9, 8, _____	28.	15, 14, _____
14.	10, 9, _____	29.	13, _____, 11
15.	12, 11, _____	30.	11, _____, 9

Math Sprints 1

110 A — What is the missing number? — Second Half

#	Problem	#	Problem
1.	_____, 6, 7	16.	15, 14, _____
2.	7, 8, 9, _____	17.	13, 12, _____, 10
3.	11, 12, 13, _____	18.	15, 14, _____, 12
4.	9, 10, _____	19.	16, 15, 14, _____
5.	12, 13, _____	20.	17, _____, 15
6.	14, 15, _____	21.	20, 19, 18, _____
7.	16, 17, _____	22.	18, 17, 16, _____
8.	10, 11, 12, _____	23.	18, _____, 16
9.	13, 14, _____	24.	16, 15, 14, _____
10.	16, 17, 18, _____	25.	16, _____, 14
11.	17, 18, 19, _____	26.	20, _____, 18
12.	7, 6, 5, _____	27.	17, 16, _____, 14
13.	9, 8, _____	28.	15, 14, _____
14.	10, 9, _____	29.	13, _____, 11
15.	12, 11, _____	30.	11, _____, 9

Math Sprints 1

110 B — What is the missing number? — First Half

#	Sequence	#	Sequence
1.	9, 8, 7, _____	16.	8, 10, _____, 14
2.	13, 12, _____	17.	14, 12, _____
3.	15, 14, _____	18.	10, 12, _____, 16
4.	9, 10, _____	19.	16, 15, 14, _____
5.	16, 15, _____	20.	12, 14, _____
6.	19, 18, 17, _____	21.	19, _____, 15
7.	17, 18, _____	22.	20, 18, _____, 14
8.	16, 15, _____	23.	14, _____, 18
9.	19, 18, _____	24.	3, 5, 7, 9, _____
10.	18, _____, 20	25.	9, 11, 13, _____
11.	17, 18, 19, _____	26.	15, 17, _____
12.	10, 8, 6, _____	27.	5, 10, _____
13.	1, 3, 5, _____	28.	9, 11, _____
14.	2, 4, 6, _____	29.	10, _____, 14
15.	16, 14, 12, _____	30.	12, _____, 8

Math Sprints 1

110 B — What is the missing number? — Second Half

#	Problem	#	Problem
1.	8, 7, 6, ____	16.	9, 11, ____, 15
2.	12, 11, ____	17.	15, 13, ____
3.	16, 15, ____	18.	15, ____, 11, 9
4.	9, 10, ____	19.	16, 15, 14, ____
5.	16, 15, ____	20.	12, 14, ____
6.	19, 18, 17, ____	21.	19, ____, 15
7.	16, 17, ____	22.	20, ____, 10, 5
8.	16, 15, 14, ____	23.	19, ____, 15, 13
9.	17, 16, ____	24.	7, 9, 11, ____
10.	18, ____, 20	25.	9, 11, 13, ____
11.	17, 18, 19, ____	26.	15, 17, ____
12.	10, 8, 6, ____	27.	5, 10, ____
13.	1, 3, 5, ____	28.	9, 11, ____
14.	2, 4, 6, ____	29.	10, ____, 14
15.	16, 14, 12, ____	30.	12, ____, 8

Math Sprints 1

111 A — Add. — First Half

1.	10 + 1 =	16.	8 + 9 =
2.	9 + 2 =	17.	9 + 7 =
3.	10 + 2 =	18.	8 + 5 =
4.	9 + 3 =	19.	8 + 6 =
5.	10 + 4 =	20.	8 + 8 =
6.	9 + 5 =	21.	7 + 3 =
7.	10 + 8 =	22.	7 + 4 =
8.	9 + 7 =	23.	7 + 6 =
9.	9 + 6 =	24.	7 + 9 =
10.	10 + 8 =	25.	7 + 5 =
11.	9 + 8 =	26.	7 + 8 =
12.	9 + 7 =	27.	8 + 8 =
13.	9 + 5 =	28.	9 + 8 =
14.	5 + 9 =	29.	9 + 9 =
15.	6 + 9 =	30.	9 + 6 =

Math Sprints 1

111 A — Add. — Second Half

1.	10 + 2 =	16.	8 + 8 =
2.	9 + 3 =	17.	9 + 7 =
3.	8 + 4 =	18.	7 + 9 =
4.	7 + 5 =	19.	8 + 5 =
5.	10 + 3 =	20.	8 + 6 =
6.	9 + 4 =	21.	7 + 3 =
7.	10 + 6 =	22.	7 + 4 =
8.	9 + 7 =	23.	7 + 6 =
9.	9 + 5 =	24.	7 + 9 =
10.	10 + 5 =	25.	7 + 5 =
11.	9 + 8 =	26.	7 + 8 =
12.	9 + 7 =	27.	8 + 8 =
13.	9 + 5 =	28.	9 + 8 =
14.	5 + 9 =	29.	9 + 9 =
15.	6 + 9 =	30.	9 + 6 =

Math Sprints 1

111 B   Add.   First Half

1.	8 + 3 =	16.	8 + 1 + 8 =
2.	9 + 2 =	17.	6 + 2 + 8 =
3.	8 + 4 =	18.	2 + 4 + 7 =
4.	9 + 3 =	19.	2 + 7 + 5 =
5.	9 + 5 =	20.	7 + 2 + 7 =
6.	11 + 3 =	21.	2 + 4 + 4 =
7.	11 + 7 =	22.	2 + 5 + 4 =
8.	9 + 7 =	23.	3 + 4 + 6 =
9.	8 + 7 =	24.	4 + 3 + 9 =
10.	6 + 2 + 10 =	25.	4 + 4 + 4 =
11.	9 + 6 + 2 =	26.	3 + 5 + 7 =
12.	9 + 4 + 3 =	27.	4 + 4 + 4 + 4 =
13.	8 + 4 + 2 =	28.	3 + 4 + 10 =
14.	7 + 6 + 1 =	29.	3 + 5 + 10 =
15.	5 + 8 + 2 =	30.	5 + 5 + 5 =

Math Sprints 1

111 B — Add. — Second Half

#	Problem	#	Problem
1.	9 + 3 =	16.	6 + 3 + 7 =
2.	8 + 4 =	17.	2 + 6 + 8 =
3.	7 + 5 =	18.	2 + 6 + 8 =
4.	5 + 7 =	19.	4 + 2 + 7 =
5.	9 + 4 =	20.	7 + 2 + 5 =
6.	6 + 7 =	21.	2 + 4 + 4 =
7.	7 + 9 =	22.	2 + 5 + 4 =
8.	9 + 7 =	23.	3 + 4 + 6 =
9.	7 + 7 =	24.	4 + 3 + 9 =
10.	3 + 2 + 10 =	25.	4 + 4 + 4 =
11.	9 + 6 + 2 =	26.	3 + 5 + 7 =
12.	9 + 4 + 3 =	27.	4 + 4 + 4 + 4 =
13.	8 + 4 + 2 =	28.	3 + 4 + 10 =
14.	7 + 6 + 1 =	29.	3 + 5 + 10 =
15.	5 + 8 + 2 =	30.	5 + 5 + 5 =

Math Sprints 1

112 A — Add. — First Half

#		#	
1.	3 + 2 =	16.	12 + 8 =
2.	13 + 2 =	17.	2 + 18 =
3.	2 + 13 =	18.	5 + 4 =
4.	12 + 3 =	19.	15 + 4 =
5.	3 + 12 =	20.	5 + 14 =
6.	4 + 3 =	21.	3 + 7 =
7.	14 + 3 =	22.	13 + 7 =
8.	4 + 13 =	23.	3 + 17 =
9.	14 + 3 =	24.	4 + 2 =
10.	3 + 14 =	25.	14 + 2 =
11.	5 + 3 =	26.	4 + 12 =
12.	15 + 3 =	27.	15 + 3 =
13.	13 + 5 =	28.	16 + 3 =
14.	8 + 2 =	29.	15 + 4 =
15.	2 + 8 =	30.	16 + 4 =

© Singapore Math Inc.

Math Sprints 1

112 A   Add.   Second Half

1.	3 + 3 =	16.	12 + 7 =
2.	13 + 3 =	17.	2 + 17 =
3.	3 + 13 =	18.	6 + 4 =
4.	12 + 4 =	19.	16 + 4 =
5.	4 + 12 =	20.	6 + 14 =
6.	4 + 2 =	21.	3 + 7 =
7.	14 + 2 =	22.	13 + 7 =
8.	4 + 12 =	23.	3 + 17 =
9.	14 + 3 =	24.	4 + 2 =
10.	3 + 14 =	25.	14 + 2 =
11.	5 + 3 =	26.	4 + 12 =
12.	15 + 3 =	27.	15 + 3 =
13.	13 + 5 =	28.	16 + 3 =
14.	8 + 2 =	29.	15 + 4 =
15.	2 + 8 =	30.	16 + 4 =

Math Sprints 1

112 B Add. First Half

1.	3 + 2 =	16.	3 + 11 + 6 =
2.	13 + 2 =	17.	10 + 9 + 1 =
3.	2 + 13 =	18.	1 + 8 + 0 =
4.	3 + 12 =	19.	3 + 3 + 3 + 10 =
5.	9 + 6 =	20.	10 + 6 + 3 =
6.	3 + 4 =	21.	1 + 5 + 4 =
7.	8 + 8 + 1 =	22.	8 + 6 + 6 =
8.	6 + 4 + 7 =	23.	9 + 7 + 4 =
9.	5 + 7 + 5 =	24.	2 + 1 + 1 + 2 =
10.	3 + 5 + 9 =	25.	4 + 4 + 4 + 4 =
11.	5 + 1 + 2 =	26.	5 + 5 + 3 + 3 =
12.	5 + 10 + 3 =	27.	6 + 6 + 6 =
13.	5 + 9 + 4 =	28.	6 + 6 + 6 + 1 =
14.	5 + 3 + 2 =	29.	6 + 6 + 5 + 2 =
15.	2 + 4 + 4 =	30.	6 + 6 + 5 + 3 =

Math Sprints 1

112 B   Add.   Second Half

1.	2 + 4 =	16.	2 + 11 + 6 =
2.	2 + 14 =	17.	3 + 9 + 7 =
3.	3 + 13 =	18.	1 + 8 + 1 =
4.	5 + 11 =	19.	3 + 13 + 4 =
5.	9 + 7 =	20.	9 + 6 + 5 =
6.	2 + 4 =	21.	1 + 5 + 4 =
7.	7 + 7 + 2 =	22.	8 + 6 + 6 =
8.	6 + 4 + 6 =	23.	9 + 7 + 4 =
9.	5 + 7 + 5 =	24.	2 + 1 + 1 + 2 =
10.	3 + 5 + 9 =	25.	4 + 4 + 4 + 4 =
11.	5 + 1 + 2 =	26.	5 + 5 + 3 + 3 =
12.	5 + 10 + 3 =	27.	6 + 6 + 6 =
13.	5 + 9 + 4 =	28.	6 + 6 + 6 + 1 =
14.	5 + 3 + 2 =	29.	6 + 6 + 5 + 2 =
15.	2 + 4 + 4 =	30.	6 + 6 + 5 + 3 =

Math Sprints 1

113 A What comes next? **First Half**

1. □○□○□○
2. ○□○□○□
3. □□○□□○□□
4. ○○□○○□○
5. □○○□○○□
6. □□□○□□□○
7. △□△□△
8. △△□△△□
9. △○□△○□△
10. △□□△□□△
11. ○○△△○○△△○
12. □○○△□○○△
13. △▷△▷△
14. □△▷□△▷□
15. ○△□▷○△□▷○

Math Sprints 1

113 A — What comes next? — Second Half

#	Pattern
1.	○ □ ○ □ ○
2.	○ □ ○ □ ○ □
3.	□ □ △ □ □ △ □ □
4.	○ ○ □ ○ ○ □ ○
5.	△ ○ △ ○ △ ○
6.	□ □ □ ○ □ □ ○
7.	△ □ △ □ △
8.	♡ □ ♡ □ ♡
9.	△ ○ □ △ ○ □ △
10.	△ □ □ △ □ □ △
11.	○ ○ △ △ ○ ○ △ △ ○
12.	□ ○ ○ △ □ ○ ○ △
13.	△ ▷ △ ▷ △
14.	□ △ ▷ □ △ ▷ □
15.	○ △ □ ▷ ○ △ □ ▷ ○

Math Sprints 1

113 B   What comes next?   **First Half**

1.	□ ○ □ ○ □ ○
2.	△ ○ □ △ ○ □ △ ○ □ △
3.	△ □ ○ △ □ ○ △ □
4.	○ ○ □ ○ ○ □ ○
5.	□ ○ ○ □ ○ ○ □
6.	□ □ □ ○ □ □ □ ○
7.	△ □ △ □ △
8.	△ △ □ △ △ □
9.	△ ○ □ △ ○ □ △
10.	△ □ □ △ □ □ △
11.	○ ○ △ △ ○ ○ △ △ ○
12.	□ ○ ○ △ □ ○ ○ △
13.	△ ▷ △ ▷ △
14.	□ △ ▷ □ △ ▷ □
15.	○ △ □ ▷ ○ △ □ ▷ ○

Math Sprints 1

113 B   What comes next?   Second Half

#	Pattern
1.	□ ♡ □ ♡ □ ♡
2.	△ ○ □ △ ○ □ △ ○ □ △
3.	△ ♡ ○ △ ♡ ○ △ ♡ ○
4.	○ ○ □ ○ ○ □ ○
5.	□ ○ △ □ ○ △ □ ○
6.	□ □ □ ○ □ □ □ ○
7.	△ □ △ □ △
8.	△ △ □ △ △ □ △ △
9.	△ ○ □ △ ○ □ △
10.	△ □ □ △ □ □ △
11.	○ ○ △ △ ○ ○ △ △ ○
12.	□ ○ ○ △ □ ○ ○ △
13.	△ ▷ △ ▷ △
14.	□ △ ▷ □ △ ▷ □
15.	○ △ □ ▷ ○ △ □ ▷ ○

Math Sprints 1

114 A   Add.   First Half

1.	10 + 0 =	16.	2 + 10 =
2.	10 + 1 =	17.	8 + 10 =
3.	10 + 2 =	18.	7 + 10 =
4.	10 + 3 =	19.	6 + 10 =
5.	10 + 4 =	20.	4 + 10 =
6.	10 + 5 =	21.	10 + 4 =
7.	10 + 6 =	22.	9 + 10 =
8.	10 + 7 =	23.	10 + 7 =
9.	10 + 8 =	24.	2 + 10 =
10.	10 + 9 =	25.	12 + 10 =
11.	10 + 10 =	26.	14 + 10 =
12.	0 + 10 =	27.	10 + 15 =
13.	1 + 10 =	28.	10 + 18 =
14.	5 + 10 =	29.	10 + 11 =
15.	3 + 10 =	30.	17 + 10 =

Math Sprints 1

114 A Add. Second Half

1.	10 + 1 =	16.	1 + 10 =
2.	10 + 2 =	17.	4 + 10 =
3.	10 + 3 =	18.	5 + 10 =
4.	10 + 5 =	19.	3 + 10 =
5.	10 + 4 =	20.	2 + 10 =
6.	10 + 3 =	21.	10 + 7 =
7.	10 + 7 =	22.	8 + 10 =
8.	10 + 8 =	23.	10 + 8 =
9.	10 + 6 =	24.	3 + 10 =
10.	10 + 9 =	25.	12 + 10 =
11.	10 + 10 =	26.	14 + 10 =
12.	0 + 10 =	27.	10 + 15 =
13.	1 + 10 =	28.	10 + 18 =
14.	5 + 10 =	29.	10 + 11 =
15.	3 + 10 =	30.	17 + 10 =

Math Sprints 1

114 B   Add.   First Half

1.	10 + 0 =	16.	2 + 2 + 8 =
2.	10 + 1 =	17.	8 + 2 + 8 =
3.	10 + 2 =	18.	7 + 3 + 7 =
4.	10 + 3 =	19.	6 + 3 + 7 =
5.	10 + 4 =	20.	4 + 3 +7 =
6.	10 + 5 =	21.	3 + 7 + 4 =
7.	10 + 6 =	22.	9 + 7 + 3 =
8.	10 + 7 =	23.	9 + 1 + 3 + 4 =
9.	10 + 8 =	24.	2 + 2 + 4 + 4 =
10.	10 + 9 =	25.	6 + 6 + 4 + 6 =
11.	10 + 10 =	26.	4 + 5 + 2 + 3 + 5 + 5 =
12.	0 + 4 + 6 =	27.	7 + 3 + 3 + 7 + 5 =
13.	1 + 4 + 6 =	28.	4 + 6 + 6 + 5 + 7 =
14.	5 + 4 + 6 =	29.	4 + 10 + 6 + 1 =
15.	3 + 4 + 6 =	30.	7 + 6 + 9 + 5 =

© Singapore Math Inc.

Math Sprints 1

114 B   Add.   Second Half

1.	10 + 1 =	16.	2 + 1 + 8 =
2.	1 + 11 =	17.	6 + 2 + 6 =
3.	11 + 2 =	18.	7 + 3 + 5 =
4.	11 + 4 =	19.	6 + 3 + 4 =
5.	10 + 4 =	20.	4 + 3 + 5 =
6.	10 + 3 =	21.	3 + 7 + 7 =
7.	11 + 6 =	22.	9 + 7 + 2 =
8.	11 + 6 + 1 =	23.	9 + 1 + 3 + 5 =
9.	11 + 5 =	24.	2 + 3 + 4 + 4 =
10.	10 + 9 =	25.	6 + 6 + 4 + 6 =
11.	10 + 10 =	26.	4 + 5 + 2 + 3 + 5 + 5 =
12.	0 + 4 + 6 =	27.	7 + 3 + 3 + 7 + 5 =
13.	1 + 4 + 6 =	28.	4 + 6 + 4 + 7 + 7 =
14.	5 + 4 + 6 =	29.	4 + 10 + 6 + 1 =
15.	3 + 4 + 6 =	30.	7 + 6 + 9 + 5 =

Math Sprints 1

115 A — Fill in the missing number. — First Half

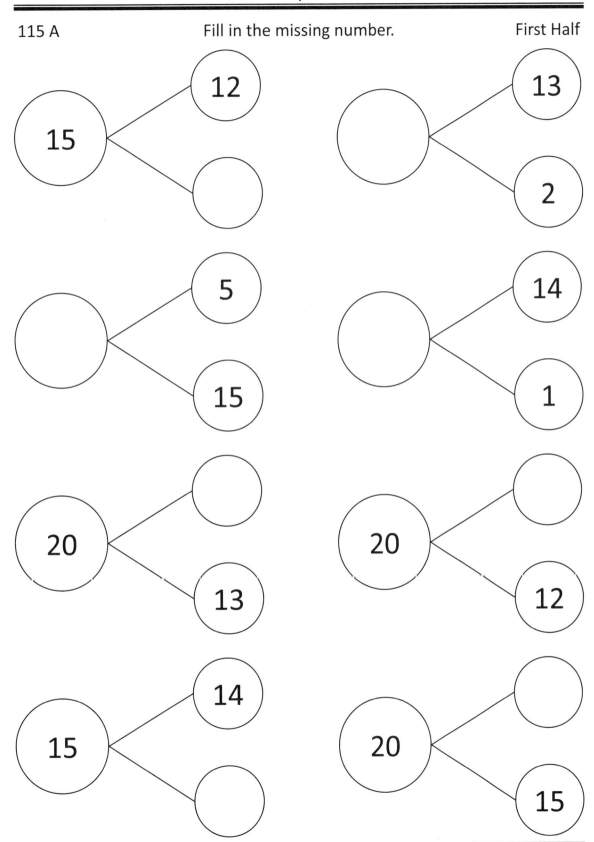

Math Sprints 1

115 A Fill in the missing number. Second Half

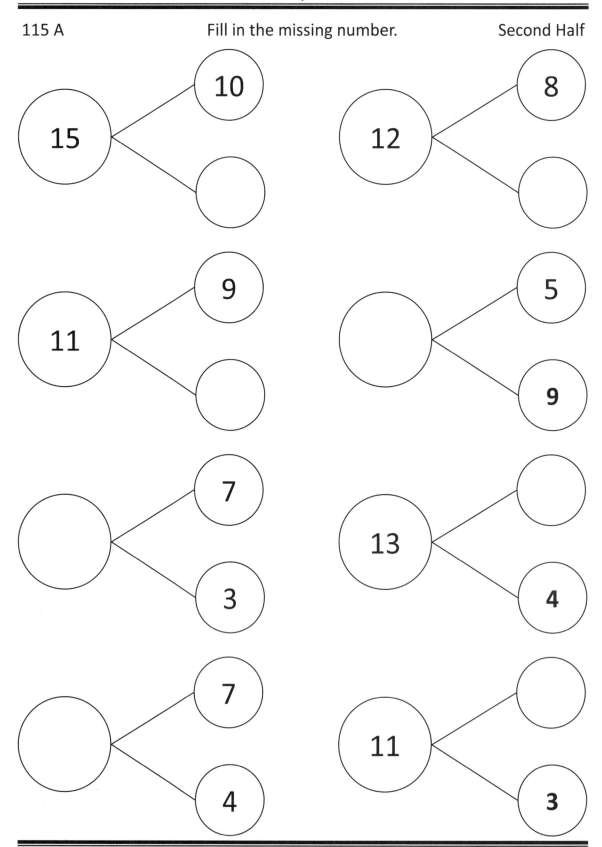

Math Sprints 1

115 B Fill in the missing number. First Half

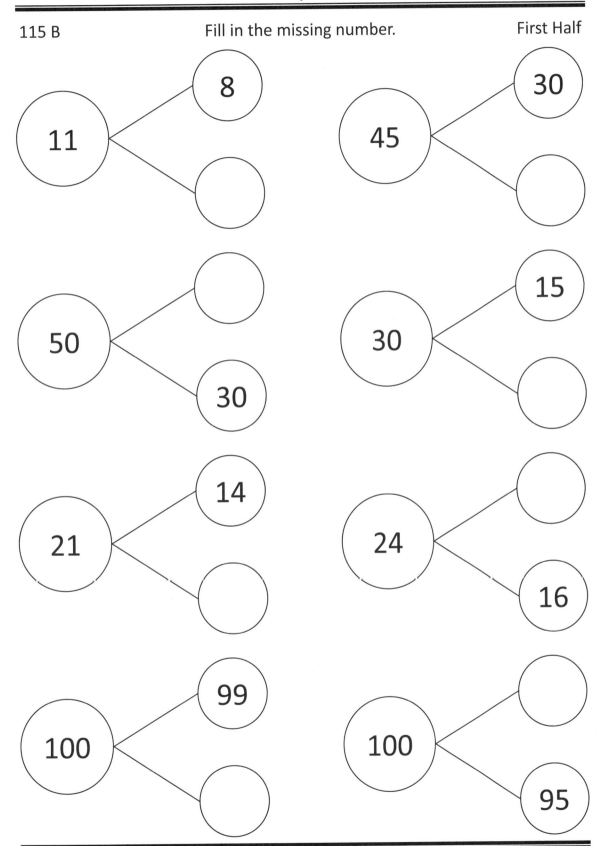

Page 59

Math Sprints 1

115 B Fill in the missing number. Second Half

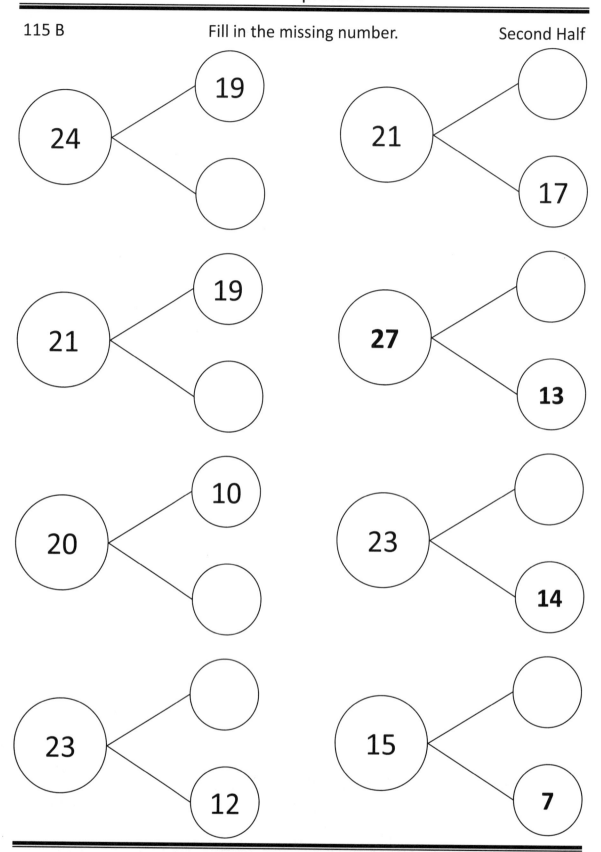

Page 60

Math Sprints 1

116 A — Subtract. — First Half

1.	$5 - 4 =$	19.	$26 - 9 =$
2.	$7 - 4 =$	20.	$26 - 7 =$
3.	$9 - 4 =$	21.	$27 - 7 =$
4.	$10 - 4 =$	22.	$27 - 9 =$
5.	$12 - 4 =$	23.	$27 - 8 =$
6.	$6 - 4 =$	24.	$30 - 8 =$
7.	$8 - 4 =$	25.	$31 - 8 =$
8.	$11 - 4 =$	26.	$31 - 7 =$
9.	$11 - 5 =$	27.	$31 - 9 =$
10.	$11 - 6 =$	28.	$32 - 9 =$
11.	$10 - 6 =$	29.	$32 - 8 =$
12.	$12 - 6 =$	30.	$32 - 7 =$
13.	$15 - 6 =$	31.	$32 - 5 =$
14.	$14 - 6 =$	32.	$32 - 4 =$
15.	$17 - 6 =$	33.	$39 - 9 =$
16.	$17 - 7 =$	34.	$40 - 8 =$
17.	$17 - 9 =$	35.	$40 - 6 =$
18.	$27 - 9 =$	36.	$40 - 4 =$

Math Sprints 1

116 A   Subtract.   Second Half

1.	$4 - 3 =$	19.	$25 - 8 =$
2.	$8 - 5 =$	20.	$25 - 6 =$
3.	$10 - 5 =$	21.	$28 - 8 =$
4.	$9 - 3 =$	22.	$26 - 8 =$
5.	$11 - 3 =$	23.	$29 - 10 =$
6.	$5 - 3 =$	24.	$30 - 8 =$
7.	$9 - 5 =$	25.	$31 - 8 =$
8.	$10 - 3 =$	26.	$31 - 7 =$
9.	$12 - 6 =$	27.	$31 - 9 =$
10.	$10 - 5 =$	28.	$32 - 9 =$
11.	$10 - 6 =$	29.	$32 - 8 =$
12.	$12 - 6 =$	30.	$32 - 7 =$
13.	$15 - 6 =$	31.	$32 - 5 =$
14.	$14 - 6 =$	32.	$32 - 4 =$
15.	$17 - 6 =$	33.	$40 - 10 =$
16.	$17 - 7 =$	34.	$40 - 8 =$
17.	$17 - 9 =$	35.	$40 - 6 =$
18.	$27 - 9 =$	36.	$40 - 4 =$

Math Sprints 1

116 B — Subtract. — First Half

#	Problem	#	Problem
1.	40 − 39 =	19.	32 − 15 =
2.	30 − 27 =	20.	32 − 13 =
3.	30 − 25 =	21.	32 − 12 =
4.	20 − 14 =	22.	32 − 14 =
5.	20 − 12 =	23.	32 − 13 =
6.	40 − 38 =	24.	40 − 18 =
7.	40 − 36 =	25.	40 − 17 =
8.	30 − 23 =	26.	39 − 15 =
9.	30 − 24 =	27.	39 − 17 =
10.	40 − 35 =	28.	31 − 8 =
11.	39 − 35 =	29.	32 − 8 =
12.	33 − 27 =	30.	40 − 15 =
13.	40 − 31 =	31.	40 − 13 =
14.	31 − 23 =	32	31 − 3 =
15.	32 − 21 =	33.	49 − 19 =
16.	33 − 23 =	34.	40 − 8 =
17.	32 − 24 =	35.	40 − 6 =
18.	32 − 14 =	36.	40 − 4 =

Math Sprints 1

116 B   Subtract.   Second Half

#	Problem	#	Problem
1.	30 − 29 =	19.	33 − 16 =
2.	20 − 17 =	20.	33 − 14 =
3.	40 − 35 =	21.	33 − 13 =
4.	30 − 24 =	22.	33 − 15 =
5.	20 − 12 =	23.	33 − 14 =
6.	30 − 28 =	24.	40 − 18 =
7.	40 − 36 =	25.	40 − 17 =
8.	20 − 13 =	26.	39 − 15 =
9.	40 − 34 =	27.	39 − 17 =
10.	50 − 45 =	28.	31 − 8 =
11.	39 − 35 =	29.	32 − 8 =
12.	33 − 27 =	30.	40 − 15 =
13.	40 − 31 =	31.	40 − 13 =
14.	31 − 23 =	32	31 − 3 =
15.	32 − 21 =	33.	39 − 9 =
16.	33 − 23 =	34.	40 − 8 =
17.	32 − 24 =	35.	40 − 6 =
18.	32 − 14 =	36.	40 − 4 =

Math Sprints 1

117 A Fill in the missing number. First Half

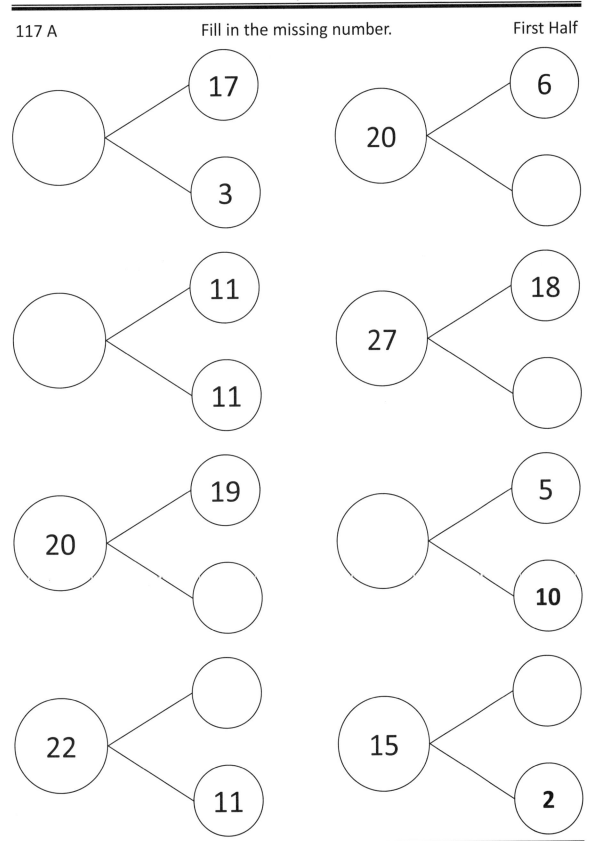

Math Sprints 1

117 A Fill in the missing number. Second Half

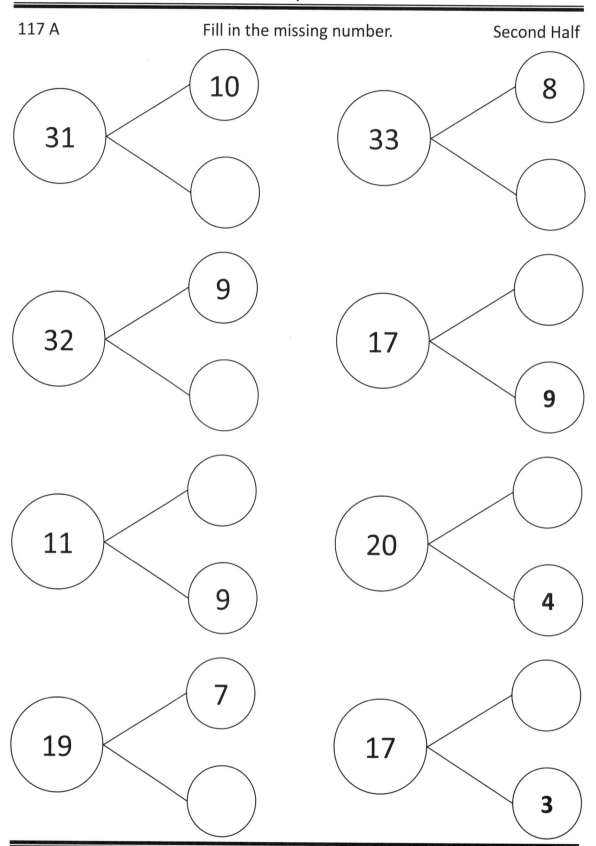

Page 66

Math Sprints 1

117 B Fill in the missing number. First Half

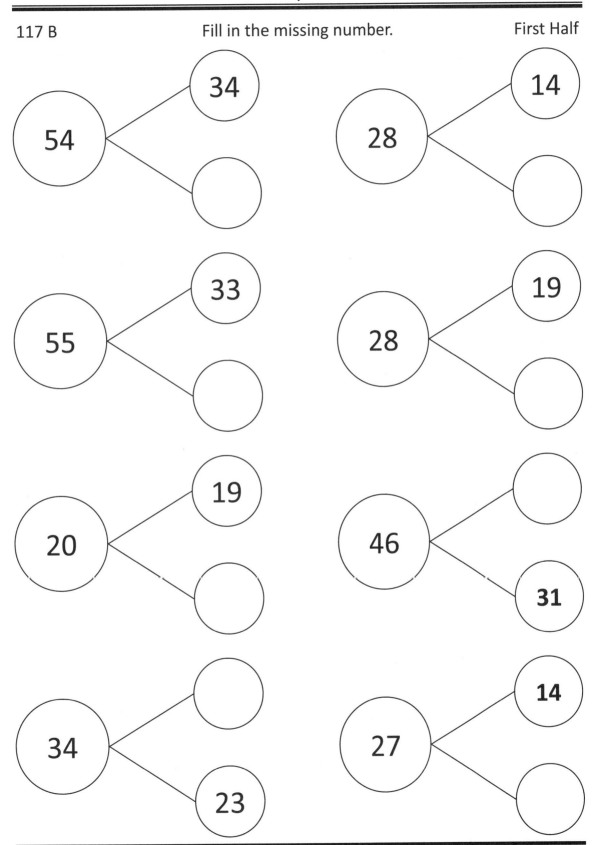

Page 67

Math Sprints 1

117 B Fill in the missing number. Second Half

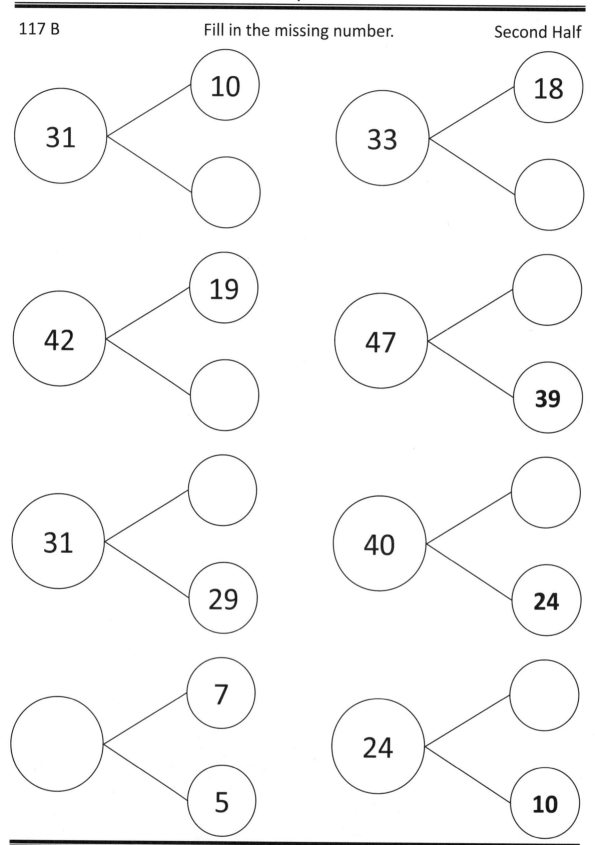

Page 68

Math Sprints 1

118 A   Add or Subtract.   First Half

1.	8 + 2 =		16.	40 − 38 =
2.	2 + 8 =		17.	9 + 1 =
3.	10 − 2 =		18.	14 − 11 =
4.	10 − 8 =		19.	10 − 1 =
5.	18 + 2 =		20.	22 − 10 =
6.	2 + 18 =		21.	30 − 19 =
7.	20 − 2 =		22.	30 − 21 =
8.	20 − 18 =		23.	30 − 23 =
9.	28 + 2 =		24.	30 − 25 =
10.	2 + 28 =		25.	30 − 27 =
11.	30 − 28 =		26.	40 − 19 =
12.	30 − 2 =		27.	40 − 17 =
13.	38 + 2 =		28.	40 − 15 =
14.	2 + 38 =		29.	50 − 18 =
15.	40 − 2 =		30.	50 − 19 =

Math Sprints 1

118 A — Add or Subtract. — Second Half

1.	9 + 1 =	16.	40 − 39 =
2.	1 + 9 =	17.	8 + 2 =
3.	10 − 1 =	18.	13 − 11 =
4.	10 − 9 =	19.	10 − 2 =
5.	19 + 1 =	20.	21 − 10 =
6.	1 + 19 =	21.	20 − 9 =
7.	20 − 1 =	22.	20 − 11 =
8.	20 − 19 =	23.	20 − 13 =
9.	29 + 1 =	24.	20 − 15 =
10.	1 + 29 =	25.	20 − 17 =
11.	30 − 29 =	26.	30 − 9 =
12.	40 − 1 =	27.	30 − 7 =
13.	39 + 1 =	28.	30 − 5 =
14.	1 + 39 =	29.	40 − 7 =
15.	40 − 1 =	30.	40 − 9 =

Math Sprints 1

118 B Add or Subtract. First Half

1.	50 − 40 =	16.	50 − 48 =
2.	60 − 50 =	17.	56 − 46 =
3.	30 − 22 =	18.	51 − 48 =
4.	40 − 38 =	19.	61 − 52 =
5.	45 − 25 =	20.	50 − 38 =
6.	35 − 15 =	21.	22 − 11 =
7.	30 − 12 =	22.	35 − 26 =
8.	30 − 28 =	23.	45 − 38 =
9.	47 − 17 =	24.	34 − 29 =
10.	33 − 3 =	25.	41 − 38 =
11.	40 − 38 =	26.	41 − 20 =
12.	40 − 12 =	27.	50 − 27 =
13.	10 + 3 + 10 + 7 + 10 =	28.	43 − 18 =
14.	4 + 10 + 11 + 9 + 6 =	29.	9 + 9 + 9 + 5 =
15.	10 + 10 + 10 + 8 =	30.	51 − 20 =

Math Sprints 1

118 B   Add or Subtract.   Second Half

1.	40 − 30 =	16.	30 − 29 =
2.	30 − 20 =	17.	36 − 26 =
3.	30 − 21 =	18.	31 − 29 =
4.	40 − 39 =	19.	31 − 23 =
5.	40 − 20 =	20.	40 − 29 =
6.	30 − 10 =	21.	33 − 22 =
7.	30 − 11 =	22.	35 − 26 =
8.	30 − 29 =	23.	35 − 28 =
9.	50 − 20 =	24.	35 − 30 =
10.	30 − 0 =	25.	40 − 37 =
11.	40 − 39 =	26.	40 − 19 =
12.	40 − 1 =	27.	40 − 17 =
13.	10 + 10 + 5 + 5 + 9 + 1 =	28.	40 − 15 =
14.	10 + 10 + 11 + 9 =	29.	10 + 10 + 11 + 2 =
15.	10 + 10 + 5 + 5 + 9 =	30.	41 − 10 =

Math Sprints 1

119 A   Add.   First Half

1.	$8 + 2 =$	11.	$4 + 4 + 4 =$
2.	$8 + 2 + 3 =$	12.	$9 + 1 + 3 =$
3.	$8 + 2 + 4 =$	13.	$9 + 2 + 3 =$
4.	$8 + 2 + 5 =$	14.	$9 + 2 + 4 =$
5.	$8 + 2 + 7 =$	15.	$9 + 2 + 5 =$
6.	$5 + 5 =$	16.	$9 + 2 + 6 =$
7.	$5 + 5 + 5 =$	17.	$8 + 7 + 3 =$
8.	$5 + 5 + 6 =$	18.	$6 + 4 + 3 =$
9.	$5 + 5 + 7 =$	19.	$7 + 3 + 8 =$
10.	$4 + 4 =$	20.	$7 + 4 + 8 =$

Math Sprints 1

119 A   Add.   Second Half

1.	7 + 3 =	11.	2 + 2 + 2 =
2.	7 + 3 + 3 =	12.	3 + 3 + 3 =
3.	7 + 3 + 4 =	13.	9 + 2 + 3 =
4.	7 + 3 + 5 =	14.	9 + 2 + 4 =
5.	7 + 3 + 7 =	15.	9 + 2 + 5 =
6.	5 + 5 =	16.	9 + 2 + 6 =
7.	5 + 5 + 5 =	17.	8 + 7 + 3 =
8.	5 + 5 + 6 =	18.	6 + 4 + 3 =
9.	5 + 5 + 7 =	19.	7 + 3 + 8 =
10.	4 + 4 =	20.	7 + 4 + 8 =

Math Sprints 1

119 B Add. First Half

1.	2 + 2 + 2 + 4 =	11.	4 + 0 + 8 =
2.	3 + 3 + 3 + 4 =	12.	6 + 0 + 7 =
3.	4 + 4 + 4 + 2 =	13.	2 + 4 + 8 =
4.	5 + 5 + 5 =	14.	3 + 5 + 7 =
5.	5 + 5 + 7 =	15.	6 + 5 + 5 =
6.	4 + 4 + 2 =	16.	7 + 6 + 4 =
7.	7 + 7 + 1 =	17.	9 + 8 + 1 =
8.	4 + 4 + 4 + 4 =	18.	6 + 1 + 6 =
9.	4 + 4 + 4 + 5 =	19.	6 + 6 + 6 =
10.	2 + 2 + 2 + 2 =	20.	14 + 2 + 1 + 2 =

Math Sprints 1

119 B   Add.   Second Half

1.	3 + 3 + 4 =	11.	2 + 2 + 2 =
2.	3 + 3 + 3 + 3 + 1 =	12.	6 + 1 + 2 =
3.	2 + 2 + 2 + 4 + 4 =	13.	2 + 4 + 8 =
4.	5 + 5 + 5 =	14.	3 + 5 + 7 =
5.	5 + 5 + 7 =	15.	6 + 5 + 5 =
6.	4 + 4 + 2 =	16.	7 + 6 + 4 =
7.	7 + 7 + 1 =	17.	9 + 8 + 1 =
8.	4 + 4 + 4 + 4 =	18.	6 + 1 + 6 =
9.	4 + 4 + 4 + 5 =	19.	6 + 6 + 6 =
10.	2 + 2 + 2 + 2 =	20.	14 + 2 + 1 + 2 =

Math Sprints 1

120 A   Add.   First Half

1.	2 + 2 + 2 =	16.	4 + 3 + 3 =
2.	3 + 3 + 3 =	17.	4 + 3 + 2 =
3.	2 + 2 + 3 =	18.	4 + 3 + 1 =
4.	3 + 2 + 2 =	19.	3 + 4 + 2 =
5.	3 + 3 + 2 =	20.	3 + 4 + 1 =
6.	2 + 2 + 4 =	21.	4 + 4 + 2 =
7.	4 + 2 + 2 =	22.	4 + 4 + 1 =
8.	2 + 4 + 2 =	23.	4 + 4 + 3 =
9.	4 + 4 + 4 =	24.	4 + 3 + 4 =
10.	2 + 1 + 2 =	25.	3 + 4 + 4 =
11.	3 + 1 + 3 =	26.	8 + 2 + 6 =
12.	2 + 1 + 2 =	27.	8 + 6 + 2 =
13.	3 + 1 + 3 =	28.	6 + 8 + 2 =
14.	3 + 3 + 4 =	29.	6 + 2 + 8 =
15.	3 + 4 + 3 =	30.	8 + 8 + 8 =

Math Sprints 1

120 A Add. Second Half

#		#	
1.	1 + 1 + 1 =	16.	4 + 3 + 3 =
2.	3 + 3 + 3 =	17.	4 + 3 + 2 =
3.	2 + 2 + 2 =	18.	4 + 3 + 1 =
4.	3 + 2 + 2 =	19.	3 + 4 + 2 =
5.	2 + 3 + 2 =	20.	3 + 4 + 1 =
6.	2 + 2 + 4 =	21.	4 + 4 + 2 =
7.	4 + 4 =	22.	4 + 4 + 1 =
8.	2 + 4 + 2 =	23.	4 + 4 + 3 =
9.	4 + 4 + 2 =	24.	4 + 3 + 4 =
10.	2 + 1 + 2 =	25.	3 + 4 + 4 =
11.	1 + 3 + 3 =	26.	8 + 2 + 6 =
12.	2 + 1 + 2 =	27.	8 + 6 + 2 =
13.	3 + 3 + 1 =	28.	6 + 8 + 2 =
14.	3 + 3 + 4 =	29.	6 + 2 + 8 =
15.	3 + 4 + 3 =	30.	8 + 8 + 8 =

Math Sprints 1

120 B   Subtract.   First Half

#		#	
1.	40 − 34 =	16.	11 − 1 =
2.	40 − 31 =	17.	32 − 23 =
3.	40 − 33 =	18.	33 − 25 =
4.	30 − 23 =	19.	34 − 25 =
5.	30 − 22 =	20.	26 − 18 =
6.	40 − 32 =	21.	30 − 20 =
7.	31 − 23 =	22.	31 − 22 =
8.	21 − 13 =	23.	30 − 19 =
9.	40 − 28 =	24.	29 − 18 =
10.	35 − 30 =	25.	29 − 18 =
11.	31 − 24 =	26.	32 − 16 =
12.	31 − 26 =	27.	16 − 0 =
13.	21 − 14 =	28.	35 − 19 =
14.	39 − 29 =	29.	37 − 21 =
15.	10 − 0 =	30.	40 − 16 =

Math Sprints 1

120 B — Subtract. — Second Half

1.	40 − 37 =		16.	11 − 1 =
2.	40 − 31 =		17.	32 − 23 =
3.	40 − 34 =		18.	33 − 25 =
4.	30 − 23 =		19.	34 − 25 =
5.	30 − 23 =		20.	26 − 18 =
6.	40 − 32 =		21.	30 − 20 =
7.	31 − 23 =		22.	31 − 22 =
8.	21 − 13 =		23.	30 − 19 =
9.	40 − 30 =		24.	29 − 18 =
10.	35 − 30 =		25.	29 − 18 =
11.	41 − 34 =		26.	32 − 16 =
12.	31 − 26 =		27.	16 − 0 =
13.	31 − 24 =		28.	35 − 19 =
14.	39 − 29 =		29.	37 − 21 =
15.	10 − 0 =		30.	40 − 16 =

Math Sprints 1

121 A — Fill in the missing number. — **First Half**

#		#	
1.	2, 4, 6, ____	16.	10, 8, 6, ____
2.	4, 6, 8, ____	17.	6, 4, ____
3.	2, 4, ____	18.	12, 10, ____
4.	2, 4, 6, 8, ____	19.	16, 14, ____
5.	6, 8, ____	20.	24, 22, ____
6.	8, 10, ____	21.	26, 24, ____
7.	12, 14, ____	22.	30, 28, ____
8.	16, 18, ____	23.	34, 32, ____
9.	22, 24, 26, ____	24.	34, 32, 30, ____
10.	28, 30, ____	25.	40, 38, ____
11.	34, 36, 38, ____	26.	36, 34, ____
12.	4, 6, ____, 10	27.	24, 22, 20, ____
13.	10, 12, ____	28.	14, 12, ____
14.	18, 20, ____	29.	10, 8, ____
15.	36, 38, ____	30.	20, 18, ____

Math Sprints 1

121 A Fill in the missing number. Second Half

#	Problem	#	Problem
1.	4, 5, 6, _____	16.	12, 10, 8, _____
2.	5, 10, 15, _____	17.	8, 6, _____
3.	2, 4, 6, _____	18.	10, 8, 6, _____
4.	2, 4, _____, 8	19.	15, 14, 13, _____
5.	4, 6, 8, _____	20.	24, 22, _____
6.	8, 10, _____	21.	26, 24, _____
7.	12, 14, _____	22.	30, 28, _____
8.	16, 18, _____	23.	34, 32, _____
9.	22, 24, 26, _____	24.	34, 32, 30, _____
10.	28, 30, _____	25.	40, 38, _____
11.	24, 26, 28, _____	26.	46, 44, _____
12.	4, 6, _____, 10	27.	24, 22, 20, _____
13.	10, 12, _____	28.	14, 12, _____
14.	18, 20, _____	29.	10, 8, _____
15.	36, 38, _____	30.	20, 18, _____

Math Sprints 1

121 B — Fill in the missing number. — **First Half**

#	Problem	#	Problem
1.	2, 5, _____, 11	16.	1, _____, 7, 10
2.	4, 7, _____, 13	17.	_____, 4, 6
3.	_____, 8, 10, 12	18.	12, 10, _____
4.	16, 13, _____	19.	15, _____, 9
5.	12, _____, 8	20.	18, _____, 22
6.	16, 14, _____	21.	_____, 24, 26
7.	_____, 18, 20	22.	_____, 24, 22
8.	24, 22, _____	23.	27, _____, 33
9.	31, _____, 25, 22	24.	26, _____, 30
10.	_____, 35, 38	25.	40, 38, _____
11.	34, 36, 38, _____	26.	38, 35, _____
12.	_____, 10, 12	27.	15, _____, 21, 24
13.	_____, 17, 20	28.	_____, 12, 14
14.	_____, 24, 26	29.	_____, 9, 12
15.	_____, 37, 34	30.	13, _____, 19, 22

Math Sprints 1

121 B — Fill in the missing number. — Second Half

#	Problem	#	Problem
1.	1, 4, _____, 10	16.	3, _____, 9, 12
2.	5, 10, 15, _____	17.	_____, 8, 12
3.	14, 12, 10, _____	18.	24, 19, 14, 9, _____
4.	2, 4, _____	19.	15, _____, 9
5.	14, 12, _____	20.	16, 18, _____
6.	16, 14, _____	21.	_____, 24, 26
7.	_____, 18, 20	22.	_____, 24, 22
8.	24, 22, _____	23.	27, _____, 33
9.	31, _____, 25, 22	24.	26, _____, 30
10.	_____, 35, 38	25.	40, 38, _____
11.	24, 26, 28, _____	26.	62, 52, _____, 32
12.	_____, 10, 12	27.	15, _____, 21, 24
13.	_____, 17, 20	28.	_____, 12, 14
14.	_____, 24, 26	29.	_____, 9, 12
15.	_____, 37, 34	30.	13, _____, 19, 22

Math Sprints 1

122 A   Add.   First Half

1.	2 + 2 + 2 =	11.	3 + 3 + 3 + 3 =
2.	3 + 3 + 3 =	12.	4 + 4 + 4 + 4 =
3.	4 + 4 + 4 =	13.	5 + 5 + 5 + 5 =
4.	5 + 5 + 5 =	14.	10 + 10 =
5.	6 + 6 =	15.	10 + 10 + 10 =
6.	7 + 7 =	16.	6 + 6 + 6 =
7.	8 + 8 =	17.	5 + 5 + 2 + 2 =
8.	9 + 9 =	18.	5 + 5 + 3 + 3 =
9.	10 + 10 =	19.	5 + 5 + 4 + 4 =
10.	2 + 2 + 2 + 2 =	20.	5 + 5 + 6 + 6 =

Math Sprints 1

122 A   Add.   Second Half

1.	1 + 1 + 1 =	11.	1 + 1 + 1 + 1 =
2.	2 + 2 + 2 =	12.	4 + 4 + 4 + 4 =
3.	3 + 3 + 3 =	13.	5 + 5 + 5 + 5 =
4.	4 + 4 + 4 =	14.	10 + 10 =
5.	5 + 5 =	15.	10 + 10 + 10 + 10 =
6.	6 + 6 =	16.	6 + 6 + 6 =
7.	8 + 8 =	17.	5 + 5 + 2 + 2 =
8.	9 + 9 =	18.	5 + 5 + 3 + 3 =
9.	10 + 10 =	19.	5 + 5 + 4 + 4 =
10.	2 + 2 + 2 + 2 =	20.	5 + 5 + 6 + 6 =

Math Sprints 1

122 B — Add. — First Half

1.	Three twos =	11.	Four threes =
2.	Three threes =	12.	Four fours =
3.	Three fours =	13.	Four fives =
4.	Three fives =	14.	Two tens =
5.	Two sixes =	15.	Three tens =
6.	Two sevens =	16.	Three sixes =
7.	Two eights =	17.	Two fives and two twos =
8.	Two nines =	18.	Two fives and two threes =
9.	Two tens =	19.	Two fives and two fours =
10.	Four twos =	20.	Two fives and two sixes =

Math Sprints 1

122 B Add. Second Half

1.	Three ones =	11.	Four ones =
2.	Two threes =	12.	Four fours =
3.	Three threes =	13.	Four fives =
4.	Three fours =	14.	Two tens =
5.	Two fives =	15.	Four tens =
6.	Two sixes =	16.	Three sixes =
7.	Two eights =	17.	Two fives and two twos =
8.	Two nines =	18.	Two fives and two threes =
9.	Two tens =	19.	Two fives and two fours =
10.	Four twos =	20.	Two fives and two sixes =

Math Sprints 1

123 A   Multiply.   First Half

1.	2 x 2 =	16.	0 x 2 =
2.	2 x 3 =	17.	8 x 2 =
3.	2 x 5 =	18.	6 x 2 =
4.	2 x 4 =	19.	9 x 2 =
5.	2 x 1 =	20.	7 x 2 =
6.	2 x 0 =	21.	10 x 2 =
7.	2 x 6 =	22.	2 x 5 =
8.	2 x 8 =	23.	4 x 5 =
9.	2 x 7 =	24.	3 x 5 =
10.	2 x 9 =	25.	5 x 1 =
11.	2 x 10 =	26.	5 x 5 =
12.	3 x 2 =	27.	7 x 5 =
13.	5 x 2 =	28.	9 x 5 =
14.	4 x 2 =	29.	5 x 6 =
15.	1 x 2 =	30.	8 x 5 =

Math Sprints 1

123 A Multiply. Second Half

#		#	
1.	5 x 1 =	16.	0 x 2 =
2.	5 x 2 =	17.	5 x 2 =
3.	5 x 3 =	18.	6 x 2 =
4.	5 x 4 =	19.	9 x 2 =
5.	5 x 5 =	20.	7 x 2 =
6.	5 x 0 =	21.	10 x 2 =
7.	5 x 7 =	22.	1 x 2 =
8.	5 x 8 =	23.	2 x 2 =
9.	5 x 6 =	24.	4 x 2 =
10.	5 x 9 =	25.	3 x 2 =
11.	5 x 10 =	26.	5 x 2 =
12.	3 x 5 =	27.	7 x 2 =
13.	5 x 5 =	28.	9 x 2 =
14.	4 x 5 =	29.	5 x 2 =
15.	1 x 2 =	30.	8 x 2 =

Math Sprints 1

123 B — Fill in the blanks. — First Half

1.	3 x _____ = 12	16.	2 x 10 − 20 = _____
2.	1 x _____ = 6	17.	2 x 10 − 4 = _____
3.	2 x _____ = 20	18.	2 x 10 − 8 = _____
4.	_____ x 2 = 16	19.	2 x 10 − 2 = _____
5.	3 x _____ = 6	20.	2 x 7 = _____
6.	_____ x 2 = 0	21.	1 x 10 + 5 + 5 = _____
7.	_____ x 2 = 24	22.	5 x _____ = 50
8.	4 x 4 = _____	23.	4 x 3 + 8 = _____
9.	_____ x 2 = 28	24.	5 x 2 + 5 = _____
10.	_____ x 2 = 36	25.	6 x 5 − 25 = _____
11.	_____ x 2 = 40	26.	5 x 4 + 5 = _____
12.	_____ x 3 = 18	27.	5 x 6 + 5 = _____
13.	10 x _____ = 100	28.	8 x 5 + 5 = _____
14.	_____ x 4 = 32	29.	5 x 5 + 5 = _____
15.	_____ x 11 = 22	30.	5 x 5 + 15 = _____

Math Sprints 1

123 B — Fill in the blanks. — Second Half

1.	3 × _____ = 15	16.	2 × 10 − 20 = _____
2.	2 × _____ = 20	17.	2 × 10 − 10 = _____
3.	5 × 3 = _____	18.	2 × 10 − 8 = _____
4.	_____ × 2 = 40	19.	2 × 10 − 2 = _____
5.	2 × _____ = 50	20.	5 × 3 − 1 = _____
6.	_____ × 2 = 0	21.	1 × 10 + 5 + 5 = _____
7.	5 × 7 = _____	22.	5 × _____ = 10
8.	4 × 10 = _____	23.	4 × 2 − 4 = _____
9.	15 × 2 = _____	24.	5 × 2 − 2 = _____
10.	9 × 5 = _____	25.	5 × 6 − 24 = _____
11.	_____ × 2 = 100	26.	2 + 2 + 2 + 2 + 2 = _____
12.	5 × 3 = _____	27.	3 × 4 + 2 = _____
13.	4 × _____ = 100	28.	3 × 2 + 12 = _____
14.	_____ × 4 = 80	29.	3 × 2 + 4 = _____
15.	_____ × 11 = 22	30.	5 × 4 − 4 = _____

Math Sprints 1

124 A   Write the answer.   First Half

1.	Five tens and two ones =	16.	Four ones and two tens =
2.	Six tens and two ones =	17.	Seven ones and seven tens =
3.	Eight tens and two ones =	18.	Six ones and eight tens =
4.	Nine tens and two ones =	19.	Five ones and three tens =
5.	Four tens and five ones =	20.	Nine ones and two tens =
6.	Four tens and three ones =	21.	Six ones and three tens =
7.	Five tens and zero ones =	22.	Four ones and seven tens =
8.	Six tens and three ones =	23.	Five ones and zero tens =
9.	Eight tens and zero ones =	24.	Five tens and zero ones =
10.	Nine tens and seven ones =	25.	Three ones and one ten =
11.	Eight tens and four ones =	26.	Six tens and eight ones =
12.	Six tens and five ones =	27.	Eight tens and six ones =
13.	Nine tens and two ones =	28.	Zero tens and three ones =
14.	Three tens and five ones =	29.	Two tens and eight ones =
15.	Four tens and zero ones =	30.	Seven ones and eight tens =

Math Sprints 1

124 A Write the answer. Second Half

1.	Four tens and two ones =	16.	Four ones and three tens =
2.	Seven tens and two ones =	17.	Eight ones and seven tens =
3.	Eight tens and one =	18.	Three ones and eight tens =
4.	Nine tens and three ones =	19.	Five ones and three tens =
5.	Four tens and four ones =	20.	Nine ones and two tens =
6.	Five tens and three ones =	21.	Six ones and three tens =
7.	Four tens and zero ones =	22.	Four ones and seven tens =
8.	Six tens and two ones =	23.	Five ones and zero tens =
9.	Eight tens and zero ones =	24.	Five tens and zero ones =
10.	Eight tens and four ones =	25.	Three ones and one ten =
11.	Six tens and five ones =	26.	Six tens and eight ones =
12.	Five tens and six ones =	27.	Eight tens and six ones =
13.	Nine tens and two ones =	28.	Zero tens and three ones =
14.	Three tens and five ones =	29.	Two tens and eight ones =
15.	Four tens and zero ones =	30.	Seven ones and eight tens =

Math Sprints 1

124 B   Write the answer.   First Half

1.	Four tens and two ones + 10 =	16.	Four ones and one ten + 5 + 5 =
2.	Five tens and two one + 10 =	17.	Seven ones and five tens + 20 =
3.	Seven tens and two ones + 10 =	18.	Five ones and eight tens + 1 =
4.	Eight tens and two ones + 10 =	19.	Two ones and three tens + 3 =
5.	Three tens and five ones + 10 =	20.	Five ones and two tens + 4 =
6.	Three tens and three ones + 10 =	21.	Three ones and three tens + 3 =
7.	Five tens and zero ones + 0 =	22.	Four ones and six tens + 10 =
8.	Five tens and three ones + 10 =	23.	Five ones and zero tens − 0 =
9.	Nine tens and zero ones − 10 =	24.	Five tens and zero ones + 0 =
10.	Nine tens and five ones + 2 =	25.	Two ones and one ten + 1 =
11.	Eight tens and six ones − 2 =	26.	Five tens and eight ones + 6 + 4 =
12.	Six tens and three ones + 2 =	27.	Seven tens and six ones + 3 + 7 =
13.	Eight tens and two ones + 10 =	28.	Zero tens and zero ones + 3 =
14.	Three tens and three ones + 2 =	29.	Two tens and zero ones + 4 + 4 =
15.	Four tens and zero ones − 0 =	30.	Six ones and seven tens + 11 =

Math Sprints 1

124 B Write the answer. Second Half

1.	Four tens and two ones =	16.	Four ones and two tens + 5 + 5 =
2.	Five tens and two ones + 20 =	17.	Eight ones and five tens + 20 =
3.	Seven tens and one + 10 =	18.	Three ones and eight tens =
4.	Six tens and three ones + 30 =	19.	Two ones and three tens + 3 =
5.	Three tens and four ones + 10 =	20.	Five ones and two tens + 4 =
6.	Three tens and three ones + 20 =	21.	Three ones and three tens + 3 =
7.	Four tens and zero ones + 0 =	22.	Four ones and six tens + 3 + 7 =
8.	Six tens and two ones =	23.	Five ones and zero tens − 0 =
9.	Eight tens =	24.	Five tens and zero ones + 0 =
10.	Nine tens and five ones − 11 =	25.	Two ones and one ten + 1 =
11.	Seven tens and six ones − 11 =	26.	Five tens and eight ones + 6 + 4 =
12.	Five tens and nine ones − 3 =	27.	Seven tens and six ones + 3 + 7 =
13.	Eight tens and two ones + 10 =	28.	Zero tens and zero ones + 3 =
14.	Three tens and three ones + 2 =	29.	Two tens and zero ones + 4 + 4 =
15.	Four tens and zero ones − 0 =	30.	Six ones and seven tens + 11 =

Math Sprints 1

125 A — Write > or < between the two numbers. — **First Half**

1.	1 ____ 2	16.	86 ____ 68
2.	2 ____ 1	17.	52 ____ 62
3.	3 ____ 5	18.	71 ____ 17
4.	5 ____ 3	19.	28 ____ 82
5.	10 ____ 20	20.	3 ____ 13
6.	21 ____ 12	21.	13 ____ 31
7.	73 ____ 37	22.	64 ____ 46
8.	16 ____ 61	23.	99 ____ 9
9.	99 ____ 100	24.	10 ____ 0
10.	26 ____ 36	25.	42 ____ 43
11.	26 ____ 62	26.	43 ____ 34
12.	63 ____ 36	27.	48 ____ 84
13.	54 ____ 45	28.	19 ____ 99
14.	0 ____ 1	29.	81 ____ 18
15.	10 ____ 0	30.	2 ____ 0

Math Sprints 1

125 A Write > or < between the two numbers. Second Half

#	Problem	#	Problem
1.	2 ____ 3	16.	76 ____ 67
2.	3 ____ 2	17.	23 ____ 32
3.	4 ____ 5	18.	81 ____ 18
4.	5 ____ 4	19.	38 ____ 83
5.	5 ____ 10	20.	3 ____ 23
6.	11 ____ 10	21.	14 ____ 41
7.	43 ____ 34	22.	64 ____ 46
8.	26 ____ 62	23.	99 ____ 9
9.	99 ____ 100	24.	10 ____ 0
10.	36 ____ 46	25.	42 ____ 43
11.	27 ____ 72	26.	43 ____ 34
12.	63 ____ 36	27.	48 ____ 84
13.	42 ____ 24	28.	19 ____ 99
14.	0 ____ 1	29.	81 ____ 18
15.	10 ____ 0	30.	2 ____ 0

Math Sprints 1

125 B — Write > or < between the two numbers. — **First Half**

1.	1 _____ 1 + 1	16.	86 _____ 61 + 7
2.	1 + 1 _____ 1	17.	52 _____ 42 + 20
3.	3 _____ 1 + 4	18.	71 _____ 17
4.	2 + 3 _____ 3	19.	20 + 8 _____ 82
5.	5 + 5 _____ 20	20.	3 _____ 2 + 11
6.	21 _____ 10 + 2	21.	5 + 8 _____ 30 + 1
7.	73 _____ 30 + 7	22.	40 + 24 _____ 40 + 6
8.	10 + 6 _____ 61	23.	9 + 90 _____ 9
9.	99 _____ 100	24.	5 + 5 _____ 0
10.	26 _____ 31 + 5	25.	40 + 2 _____ 40 + 2 + 1
11.	11 + 15 _____ 62	26.	30 + 13 _____ 30 + 4
12.	63 _____ 25 + 11	27.	30 + 18 _____ 70 + 14
13.	50 + 4 _____ 40 + 5	28.	19 _____ 99
14.	0 _____ 1	29.	80 + 1 _____ 10 + 8
15.	3 + 7 _____ 0	30.	2 _____ 0

Math Sprints 1

125 B   Write > or < between the two numbers.   **Second Half**

1.	2 _____ 2 + 2		16.	76 _____ 61 + 7
2.	2 + 2 _____ 2		17.	32 _____ 42 + 20
3.	4 _____ 1 + 4		18.	61 _____ 16
4.	1 + 2 _____ 2		19.	30 + 8 _____ 83
5.	4 + 4 _____ 10		20.	3 _____ 2 + 11
6.	23 _____ 20 + 2		21.	5 + 18 _____ 30 + 1
7.	73 _____ 30 + 7		22.	40 + 24 _____ 40 + 6
8.	10 + 6 _____ 61		23.	9 + 90 _____ 9
9.	99 _____ 100		24.	5 + 5 _____ 0
10.	26 _____ 31 + 5		25.	40 + 5 _____ 40 + 5 + 1
11.	11 + 15 _____ 62		26.	20 + 12 _____ 20 + 4
12.	63 _____ 25 + 11		27.	30 + 18 _____ 70 + 14
13.	50 + 4 _____ 40 + 5		28.	19 _____ 99
14.	0 _____ 1		29.	80 + 1 _____ 10 + 8
15.	3 + 7 _____ 0		30.	2 _____ 0

Math Sprints 1

126 A   Add.   First Half

#	Problem	#	Problem
1.	64 + 3 =	16.	42 + 7 =
2.	64 + 4 =	17.	42 + 8 =
3.	65 + 2 =	18.	42 + 9 =
4.	66 + 2 =	19.	49 + 2 =
5.	66 + 3 =	20.	49 + 4 =
6.	66 + 4 =	21.	49 + 6 =
7.	74 + 6 =	22.	48 + 6 =
8.	64 + 6 =	23.	58 + 6 =
9.	64 + 7 =	24.	68 + 6 =
10.	65 + 7 =	25.	78 + 6 =
11.	67+7 =	26.	78 + 5 =
12.	68 + 6 =	27.	78 + 3 =
13.	58 + 6 =	28.	88 + 3 =
14.	58 + 8 =	29.	88 + 5 =
15.	52 + 6 =	30.	88 + 8 =

Math Sprints 1

126 A   Add.   Second Half

1.	54 + 3 =	16.	32 + 7 =
2.	54 + 4 =	17.	32 + 8 =
3.	55 + 2 =	18.	32 + 9 =
4.	56 + 2 =	19.	39 + 2 =
5.	56 + 3 =	20.	39 + 4 =
6.	56 + 4 =	21.	39 + 6 =
7.	64 + 6 =	22.	38 + 6 =
8.	44 + 6 =	23.	58 + 6 =
9.	64 + 7 =	24.	68 + 6 =
10.	65 + 7 =	25.	78 + 6 =
11.	67 + 7 =	26.	78 + 5 =
12.	68 + 6 =	27.	78 + 3 =
13.	58 + 6 =	28.	88 + 3 =
14.	58 + 8 =	29.	88 + 5 =
15.	52 + 6 =	30.	88 + 8 =

Math Sprints 1

126 B Add. First Half

1.	64 + 3 =	16.	32 + 17 =
2.	54 + 14 =	17.	32 + 18 =
3.	55 + 12 =	18.	22 + 29 =
4.	46 + 22 =	19.	32 + 19 =
5.	36 + 33 =	20.	39 + 14 =
6.	56 + 14 =	21.	16 + 39 =
7.	54 + 26 =	22.	16 + 38 =
8.	64 + 6 =	23.	26 + 38 =
9.	54 + 17 =	24.	16 + 58 =
10.	55 + 17 =	25.	46 + 38 =
11.	57 + 17 =	26.	5 + 78 =
12.	58 + 16 =	27.	3 + 78 =
13.	48 + 16 =	28.	13 + 78 =
14.	48 + 18 =	29.	25 + 68 =
15.	42 + 16 =	30.	38 + 58 =

Math Sprints 1

126 B — Add. — Second Half

1.	54 + 3 =		16.	32 + 7 =
2.	44 + 14 =		17.	22 + 18 =
3.	45 + 12 =		18.	22 + 19 =
4.	36 + 22 =		19.	32 + 9 =
5.	26 + 33 =		20.	29 + 14 =
6.	46 + 14 =		21.	16 + 29 =
7.	54 + 16 =		22.	16 + 28 =
8.	44 + 6 =		23.	26 + 38 =
9.	44 + 27 =		24.	16 + 58 =
10.	55 + 17 =		25.	46 + 38 =
11.	57 + 17 =		26.	5 + 78 =
12.	58 + 16 =		27.	3 + 78 =
13.	48 + 16 =		28.	13 + 78 =
14.	48 + 18 =		29.	25 + 68 =
15.	42 + 16 =		30.	38 + 58 =

Math Sprints 1

127 A Fill in the missing number. First Half

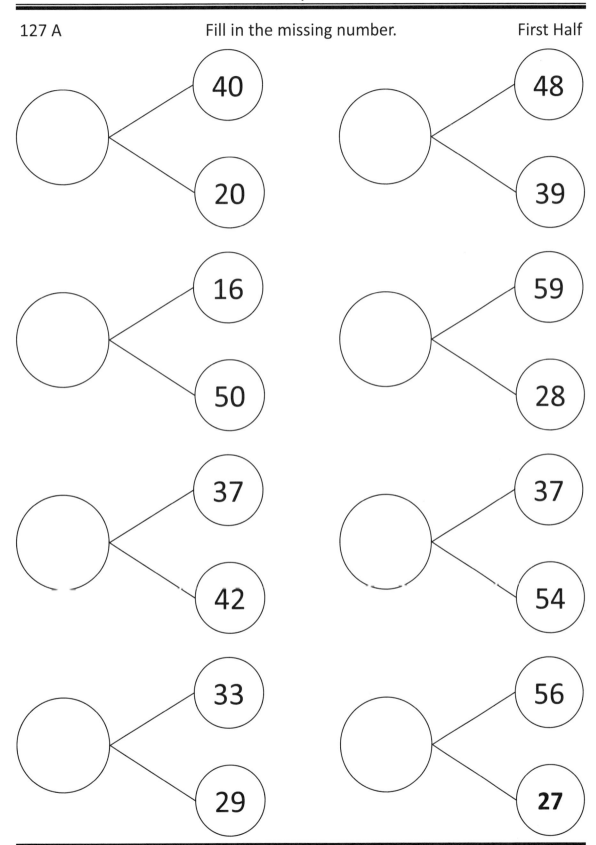

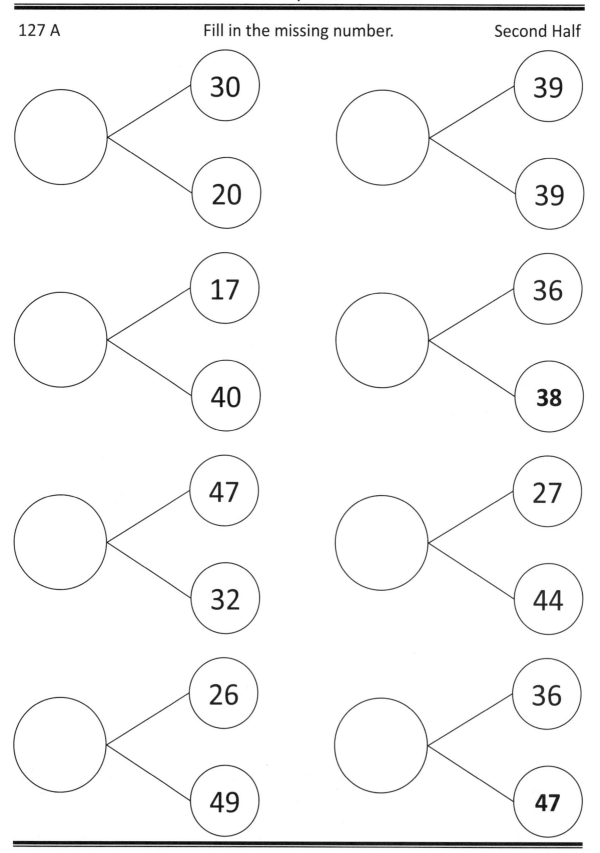

Math Sprints 1

127 B   Fill in the missing number.   First Half

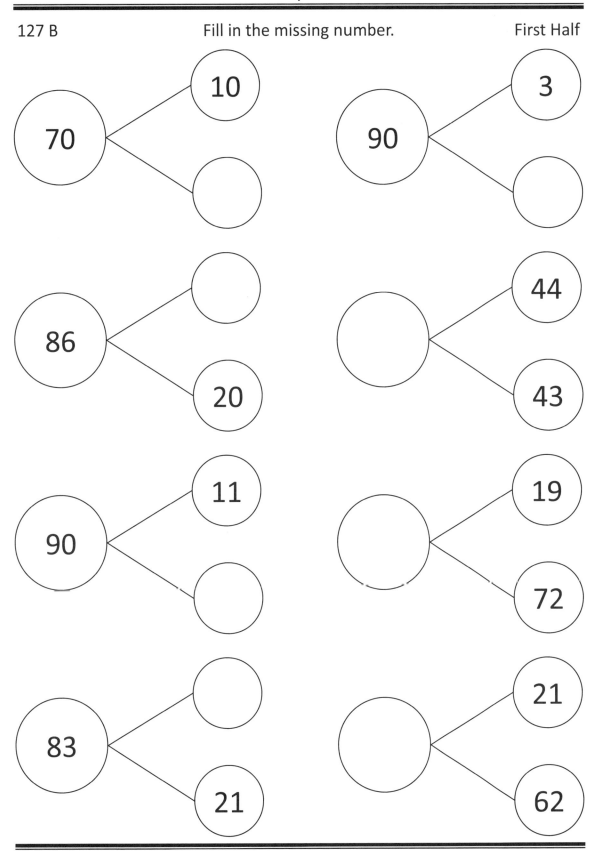

Math Sprints 1

127 B Fill in the missing number. Second Half

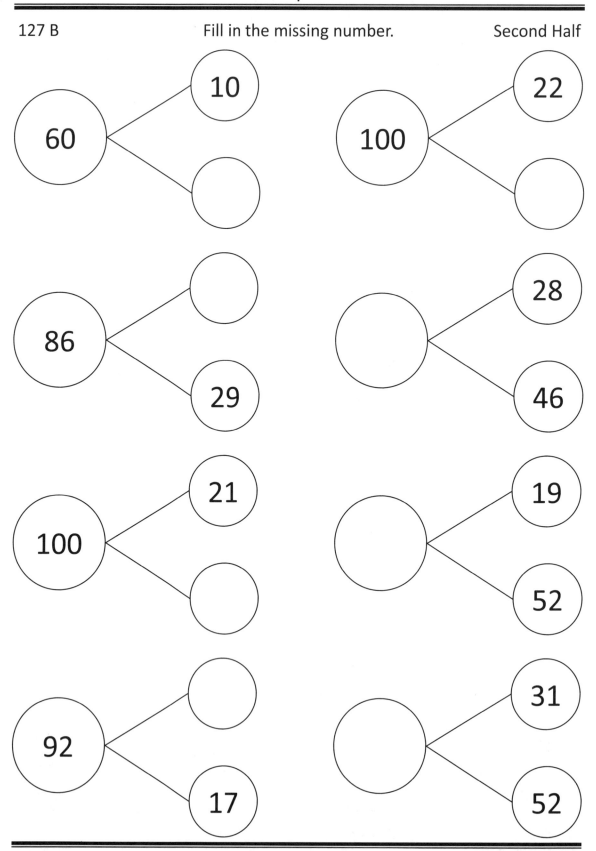

Page 108

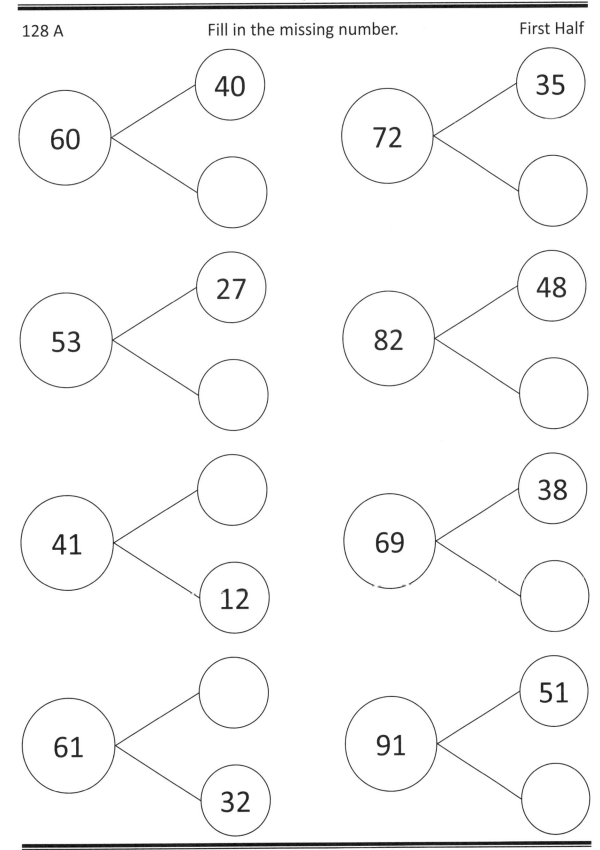

Math Sprints 1

128 A Fill in the missing number. Second Half

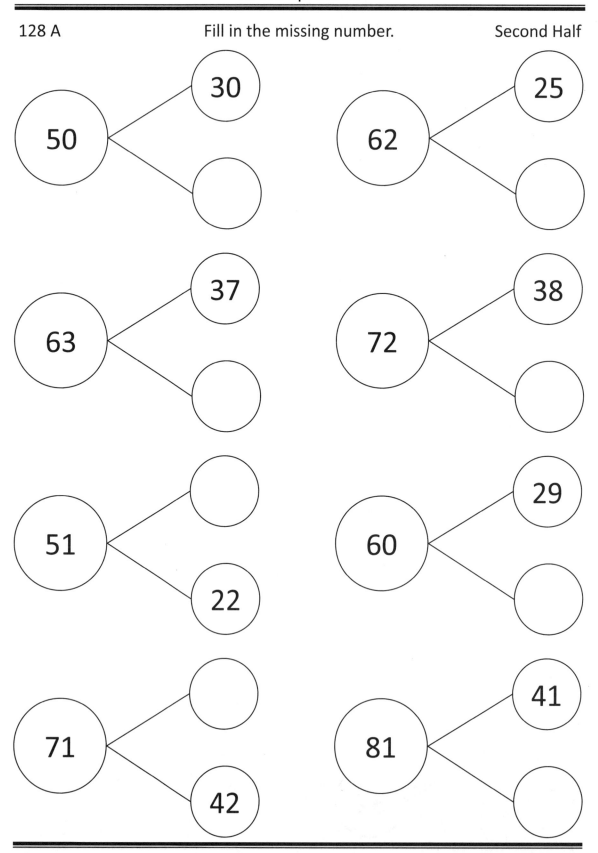

Math Sprints 1

128 B Fill in the missing number. First Half

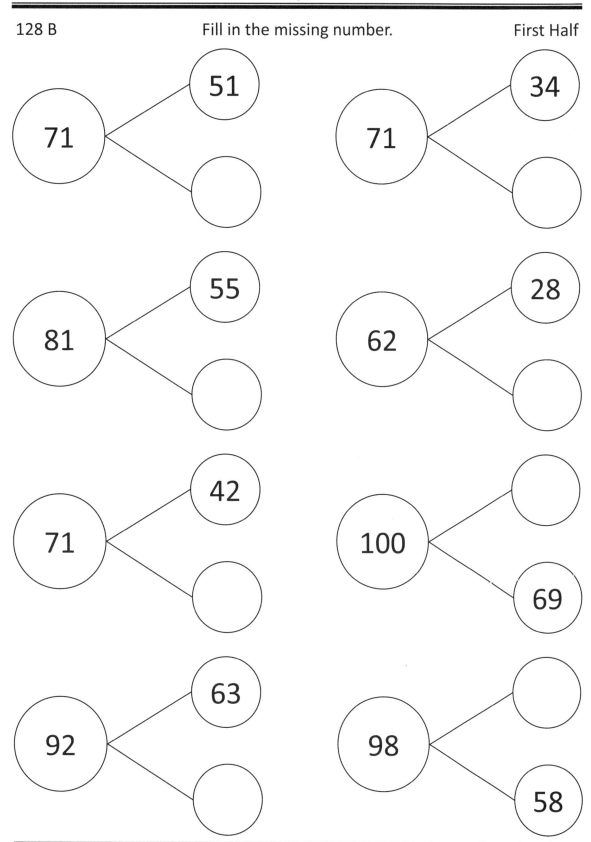

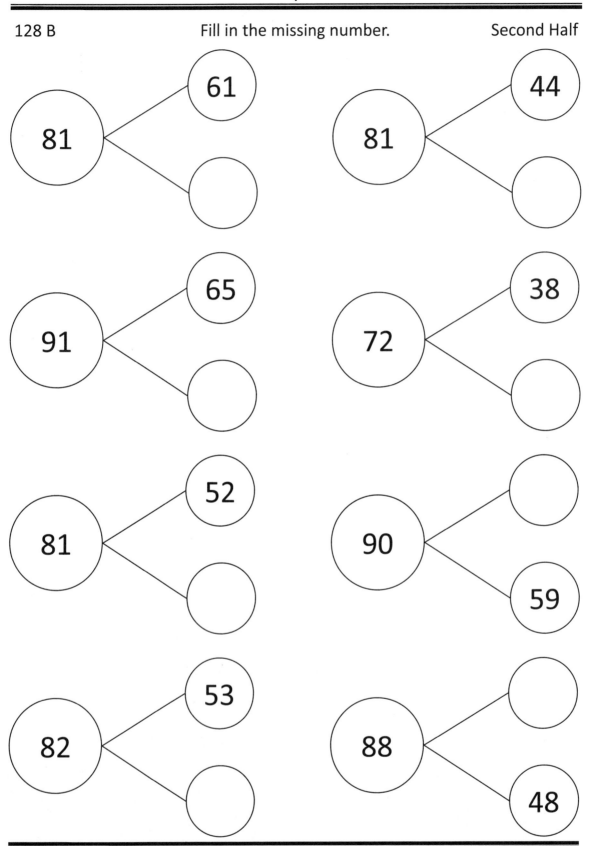

Math Sprints 1

129 A Fill in the missing number. First Half

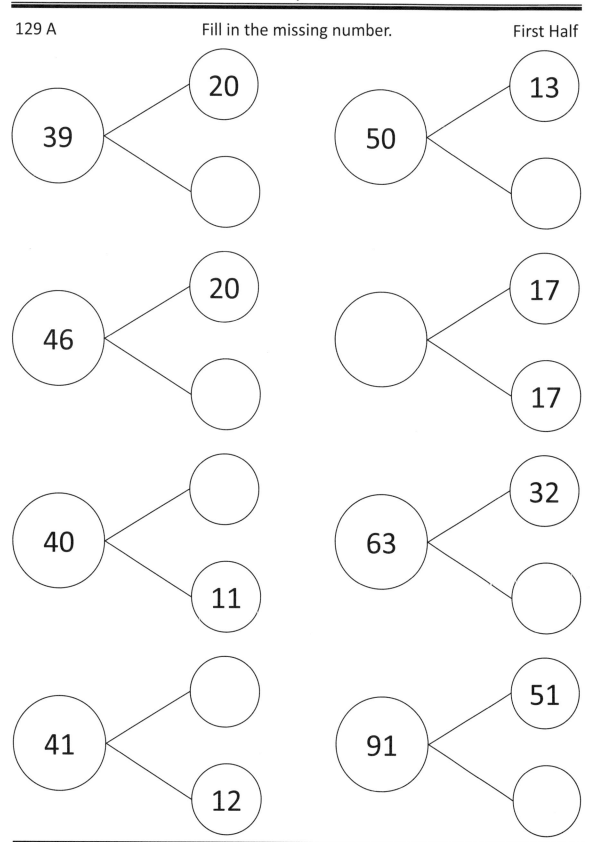

Math Sprints 1

129 A Fill in the missing number. Second Half

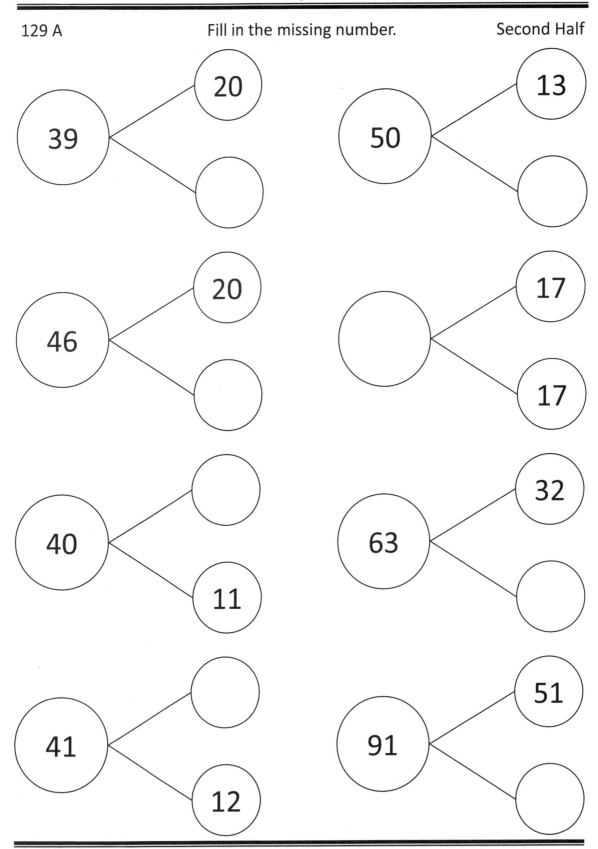

Math Sprints 1

129 B — Fill in the missing number. — First Half

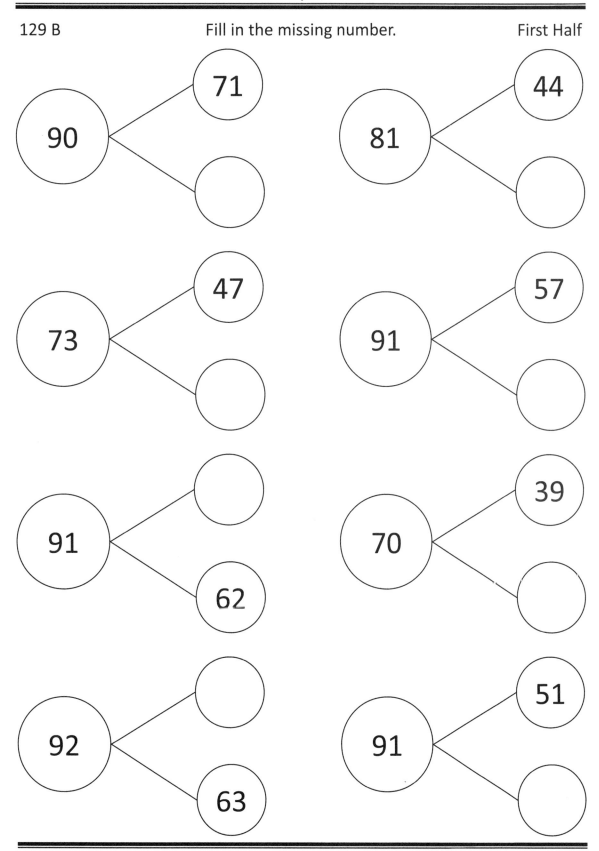

Page 115

Math Sprints 1

129 B   Fill in the missing number.   Second Half

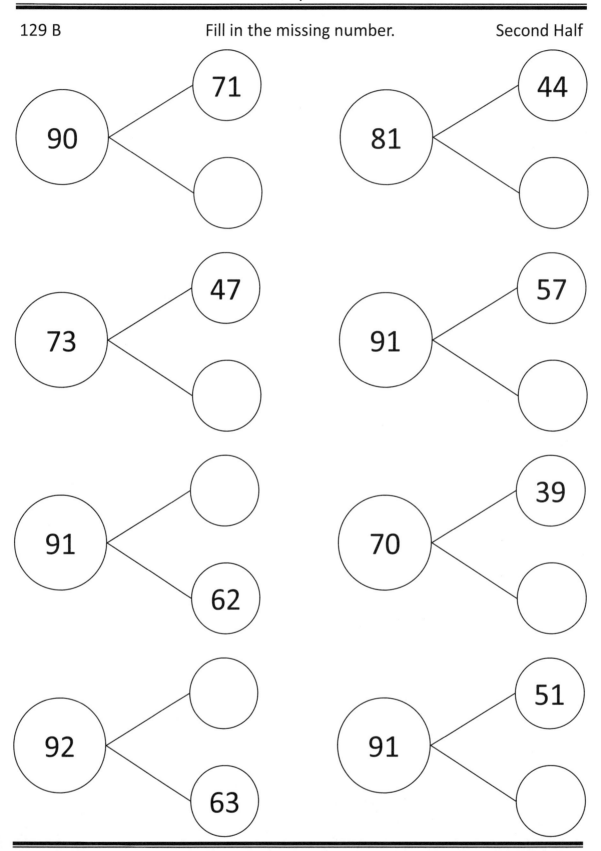

Math Sprints 1

Answers

101 A & B — First Half

#	Ans	#	Ans
1.	2	16.	1
2.	4	17.	2
3.	7	18.	6
4.	9	19.	7
5.	5	20.	9
6.	3	21.	3
7.	5	22.	5
8.	8	23.	5
9.	8	24.	8
10.	2	25.	8
11.	3	26.	7
12.	4	27.	5
13.	6	28.	10
14.	8	29.	7
15.	7	30.	0

102 A & B — First Half

#	Ans	#	Ans
1.	3	16.	20
2.	6	17.	17
3.	10	18.	20
4.	12	19.	18
5.	12	20.	19
6.	14	21.	20
7.	16	22.	19
8.	20	23.	20
9.	20	24.	20
10.	18	25.	19
11.	14	26.	20
12.	15	27.	19
13.	14	28.	19
14.	18	29.	20
15.	18	30.	19

103 A & B — First Half

#	Ans	#	Ans
1.	3	16.	9
2.	4	17.	10
3.	5	18.	4
4.	8	19.	6
5.	6	20.	8
6.	10	21.	10
7.	9	22.	7
8.	7	23.	8
9.	2	24.	10
10.	5	25.	9
11.	6	26.	6
12.	7	27.	3
13.	7	28.	4
14.	8	29.	7
15.	8	30.	5

101 A & B — Second Half

#	Ans	#	Ans
1.	3	16.	3
2.	4	17.	2
3.	6	18.	5
4.	8	19.	8
5.	5	20.	9
6.	4	21.	3
7.	6	22.	5
8.	7	23.	5
9.	8	24.	8
10.	2	25.	8
11.	3	26.	7
12.	4	27.	5
13.	6	28.	10
14.	8	29.	7
15.	7	30.	0

102 A & B — Second Half

#	Ans	#	Ans
1.	4	16.	18
2.	5	17.	15
3.	8	18.	16
4.	11	19.	15
5.	12	20.	19
6.	13	21.	20
7.	15	22.	19
8.	16	23.	20
9.	20	24.	20
10.	18	25.	19
11.	14	26.	20
12.	15	27.	19
13.	14	28.	19
14.	18	29.	20
15.	18	30.	19

103 A & B — Second Half

#	Ans	#	Ans
1.	2	16.	9
2.	3	17.	10
3.	5	18.	4
4.	7	19.	6
5.	6	20.	8
6.	8	21.	10
7.	9	22.	7
8.	7	23.	8
9.	2	24.	7
10.	5	25.	9
11.	6	26.	8
12.	7	27.	3
13.	7	28.	5
14.	8	29.	7
15.	8	30.	9

Math Sprints 1

Answers

104 A & B	First Half
6	4
2	5
3	9
7	8

105 A & B	First Half
9	8
7	6
6	5
4	3

106 A & B	First Half
6	4
2	0
3	4
5	10

104 A & B	Second Half
1	7
7	3
4	5
1	8

105 A & B	Second Half
1	7
5	6
0	4
8	3

106 A & B	Second Half
1	8
5	3
9	4
2	10

Math Sprints 1

Answers

107 A & B			First Half
1.	1	16.	10
2.	2	17.	1
3.	3	18.	2
4.	5	19.	4
5.	7	20.	6
6.	8	21.	3
7.	9	22.	5
8.	6	23.	9
9.	3	24.	10
10.	7	25.	0
11.	1	26.	8
12.	9	27.	7
13.	2	28.	4
14.	8	29.	2
15.	0	30.	8

108 A & B			First Half
1.	2	16.	7
2.	3	17.	5
3.	4	18.	3
4.	1	19.	6
5.	2	20.	4
6.	3	21.	3
7.	4	22.	1
8.	6	23.	0
9.	8	24.	2
10.	7	25.	7
11.	5	26.	4
12.	0	27.	1
13.	2	28.	7
14.	1	29.	7
15.	3	30.	5

109 A & B			First Half
1.	5	16.	7
2.	5	17.	9
3.	1	18.	9
4.	4	19.	2
5.	7	20.	7
6.	5	21.	7
7.	2	22.	7
8.	3	23.	3
9.	8	24.	4
10.	8	25.	9
11.	2	26.	9
12.	6	27.	3
13.	8	28.	6
14.	8	29.	8
15.	1	30.	7

107 A & B			Second Half
1.	1	16.	8
2.	3	17.	2
3.	2	18.	3
4.	6	19.	4
5.	7	20.	5
6.	9	21.	3
7.	10	22.	6
8.	6	23.	9
9.	1	24.	10
10.	5	25.	0
11.	1	26.	8
12.	9	27.	7
13.	2	28.	4
14.	8	29.	2
15.	0	30.	8

108 A & B			Second Half
1.	1	16.	6
2.	2	17.	4
3.	3	18.	5
4.	2	19.	3
5.	3	20.	4
6.	1	21.	7
7.	4	22.	2
8.	6	23.	0
9.	8	24.	2
10.	7	25.	7
11.	5	26.	4
12.	0	27.	1
13.	2	28.	7
14.	1	29.	7
15.	3	30.	5

109 A & B			Second Half
1.	4	16.	6
2.	4	17.	8
3.	2	18.	8
4.	5	19.	3
5.	6	20.	6
6.	6	21.	6
7.	3	22.	8
8.	4	23.	2
9.	8	24.	4
10.	8	25.	9
11.	2	26.	9
12.	6	27.	3
13.	8	28.	6
14.	8	29.	8
15.	1	30.	7

Math Sprints 1

Answers

110 A & B — First Half

#	Ans	#	Ans
1.	6	16.	12
2.	11	17.	10
3.	13	18.	14
4.	11	19.	13
5.	14	20.	16
6.	16	21.	17
7.	19	22.	16
8.	14	23.	16
9.	17	24.	11
10.	19	25.	15
11.	20	26.	19
12.	4	27.	15
13.	7	28.	13
14.	8	29.	12
15.	10	30.	10

111 A & B — First Half

#	Ans	#	Ans
1.	11	16.	17
2.	11	17.	16
3.	12	18.	13
4.	12	19.	14
5.	14	20.	16
6.	14	21.	10
7.	18	22.	11
8.	16	23.	13
9.	15	24.	16
10.	18	25.	12
11.	17	26.	15
12.	16	27.	16
13.	14	28.	17
14.	14	29.	18
15.	15	30.	15

112 A & B — First Half

#	Ans	#	Ans
1.	5	16.	20
2.	15	17.	20
3.	15	18.	9
4.	15	19.	19
5.	15	20.	19
6.	7	21.	10
7.	17	22.	20
8.	17	23.	20
9.	17	24.	6
10.	17	25.	16
11.	8	26.	16
12.	18	27.	18
13.	18	28.	19
14.	10	29.	19
15.	10	30.	20

110 A & B — Second Half

#	Ans	#	Ans
1.	5	16.	13
2.	10	17.	11
3.	14	18.	13
4.	11	19.	13
5.	14	20.	16
6.	16	21.	17
7.	18	22.	15
8.	13	23.	17
9.	15	24.	13
10.	19	25.	15
11.	20	26.	19
12.	4	27.	15
13.	7	28.	13
14.	8	29.	12
15.	10	30.	10

111 A & B — Second Half

#	Ans	#	Ans
1.	12	16.	16
2.	12	17.	16
3.	12	18.	16
4.	12	19.	13
5.	13	20.	14
6.	13	21.	10
7.	16	22.	11
8.	16	23.	13
9.	14	24.	16
10.	15	25.	12
11.	17	26.	15
12.	16	27.	16
13.	14	28.	17
14.	14	29.	18
15.	15	30.	15

112 A & B — Second Half

#	Ans	#	Ans
1.	6	16.	19
2.	16	17.	19
3.	16	18.	10
4.	16	19.	20
5.	16	20.	20
6.	6	21.	10
7.	16	22.	20
8.	16	23.	20
9.	17	24.	6
10.	17	25.	16
11.	8	26.	16
12.	18	27.	18
13.	18	28.	19
14.	10	29.	19
15.	10	30.	20

Math Sprints 1

Answers

113 A & B	First Half
1.	□
2.	○
3.	○
4.	○
5.	○
6.	□
7.	□
8.	△
9.	○
10.	□
11.	○
12.	□
13.	▷
14.	△
15.	△

114 A & B	First Half		
1.	10	16.	12
2.	11	17.	18
3.	12	18.	17
4.	13	19.	16
5.	14	20.	14
6.	15	21.	14
7.	16	22.	19
8.	17	23.	17
9.	18	24.	12
10.	19	25.	22
11.	20	26.	24
12.	10	27.	25
13.	11	28.	28
14.	15	29.	21
15.	13	30.	27

115 A & B	First Half
3	15
20	15
7	8
1	5

113 A & B	Second Half
1.	□
2.	○
3.	△
4.	○
5.	△
6.	□
7.	□
8.	□
9.	○
10.	□
11.	○
12.	□
13.	▷
14.	△
15.	△

114 A & B	Second Half		
1.	11	16.	11
2.	12	17.	14
3.	13	18.	15
4.	15	19.	13
5.	14	20.	12
6.	13	21.	17
7.	17	22.	18
8.	18	23.	18
9.	16	24.	13
10.	19	25.	22
11.	20	26.	24
12.	10	27.	25
13.	11	28.	28
14.	15	29.	21
15.	13	30.	27

115 A & B	Second Half
5	4
2	14
10	9
11	8

Math Sprints 1

Answers

116 A & B			First Half
1.	1	19.	17
2.	3	20.	19
3.	5	21.	20
4.	6	22.	18
5.	8	23.	19
6.	2	24.	22
7.	4	25.	23
8.	7	26.	24
9.	6	27.	22
10.	5	28.	23
11.	4	29.	24
12.	6	30.	25
13.	9	31.	27
14.	8	32.	28
15.	11	33.	30
16.	10	34.	32
17.	8	35.	34
18.	18	36.	36

117 A & B	First Half
20	14
22	9
1	15
11	13

118 A & B			First Half
1.	10	16.	2
2.	10	17.	10
3.	8	18.	3
4.	2	19.	9
5.	20	20.	12
6.	20	21.	11
7.	18	22.	9
8.	2	23.	7
9.	30	24.	5
10.	30	25.	3
11.	2	26.	21
12.	28	27.	23
13.	40	28.	25
14.	40	29.	32
15.	38	30.	31

116 A & B			Second Half
1.	1	19.	17
2.	3	20.	19
3.	5	21.	20
4.	6	22.	18
5.	8	23.	19
6.	2	24.	22
7.	4	25.	23
8.	7	26.	24
9.	6	27.	22
10.	5	28.	23
11.	4	29.	24
12.	6	30.	25
13.	9	31.	27
14.	8	32.	28
15.	11	33.	30
16.	10	34.	32
17.	8	35.	34
18.	18	36.	36

117 A & B	Second Half
21	15
23	8
2	16
12	14

118 A & B			Second Half
1.	10	16.	1
2.	10	17.	10
3.	9	18.	2
4.	1	19.	8
5.	20	20.	11
6.	20	21.	11
7.	19	22.	9
8.	1	23.	7
9.	30	24.	5
10.	30	25.	3
11.	1	26.	21
12.	39	27.	23
13.	40	28.	25
14.	40	29.	33
15.	39	30.	31

Math Sprints 1

Answers

119 A & B — First Half

#	Ans	#	Ans
1.	10	11.	12
2.	13	12.	13
3.	14	13.	14
4.	15	14.	15
5.	17	15.	16
6.	10	16.	17
7.	15	17.	18
8.	16	18.	13
9.	17	19.	18
10.	8	20.	19

120 A & B — First Half

#	Ans	#	Ans
1.	6	16.	10
2.	9	17.	9
3.	7	18.	8
4.	7	19.	9
5.	8	20.	8
6.	8	21.	10
7.	8	22.	9
8.	8	23.	11
9.	12	24.	11
10.	5	25.	11
11.	7	26.	16
12.	5	27.	16
13.	7	28.	16
14.	10	29.	16
15.	10	30.	24

121 A & B — First Half

#	Ans	#	Ans
1.	8	16.	4
2.	10	17.	2
3.	6	18.	8
4.	10	19.	12
5.	10	20.	20
6.	12	21.	22
7.	16	22.	26
8.	20	23.	30
9.	28	24.	28
10.	32	25.	36
11.	40	26.	32
12.	8	27.	18
13.	14	28.	10
14.	22	29.	6
15.	40	30.	16

119 A & B — Second Half

#	Ans	#	Ans
1.	10	11.	6
2.	13	12.	9
3.	14	13.	14
4.	15	14.	15
5.	17	15.	16
6.	10	16.	17
7.	15	17.	18
8.	16	18.	13
9.	17	19.	18
10.	8	20.	19

120 A & B — Second Half

#	Ans	#	Ans
1.	3	16.	10
2.	9	17.	9
3.	6	18.	8
4.	7	19.	9
5.	7	20.	8
6.	8	21.	10
7.	8	22.	9
8.	8	23.	11
9.	10	24.	11
10.	5	25.	11
11.	7	26.	16
12.	5	27.	16
13.	7	28.	16
14.	10	29.	16
15.	10	30.	24

121 A & B — Second Half

#	Ans	#	Ans
1.	7	16.	6
2.	20	17.	4
3.	8	18.	4
4.	6	19.	12
5.	10	20.	20
6.	12	21.	22
7.	16	22.	26
8.	20	23.	30
9.	28	24.	28
10.	32	25.	36
11.	30	26.	42
12.	8	27.	18
13.	14	28.	10
14.	22	29.	6
15.	40	30.	16

Math Sprints 1

Answers

122 A & B — First Half

#	Ans	#	Ans
1.	6	11.	12
2.	9	12.	16
3.	12	13.	20
4.	15	14.	20
5.	12	15.	30
6.	14	16.	18
7.	16	17.	14
8.	18	18.	16
9.	20	19.	18
10.	8	20.	22

123 A & B — First Half

#	Ans	#	Ans
1.	4	16.	0
2.	6	17.	16
3.	10	18.	12
4.	8	19.	18
5.	2	20.	14
6.	0	21.	20
7.	12	22.	10
8.	16	23.	20
9.	14	24.	15
10.	18	25.	5
11.	20	26.	25
12.	6	27.	35
13.	10	28.	45
14.	8	29.	30
15.	2	30.	40

124 A & B — First Half

#	Ans	#	Ans
1.	52	16.	24
2.	62	17.	77
3.	82	18.	86
4.	92	19.	35
5.	45	20.	29
6.	43	21.	36
7.	50	22.	74
8.	63	23.	5
9.	80	24.	50
10.	97	25.	13
11.	84	26.	68
12.	65	27.	86
13.	92	28.	3
14.	35	29.	28
15.	40	30.	87

122 A & B — Second Half

#	Ans	#	Ans
1.	3	11.	4
2.	6	12.	16
3.	9	13.	20
4.	12	14.	20
5.	10	15.	40
6.	12	16.	18
7.	16	17.	14
8.	18	18.	16
9.	20	19.	18
10.	8	20.	22

123 A & B — Second Half

#	Ans	#	Ans
1.	5	16.	0
2.	10	17.	10
3.	15	18.	12
4.	20	19.	18
5.	25	20.	14
6.	0	21.	20
7.	35	22.	2
8.	40	23.	4
9.	30	24.	8
10.	45	25.	6
11.	50	26.	10
12.	15	27.	14
13.	25	28.	18
14.	20	29.	10
15.	2	30.	16

124 A & B — Second Half

#	Ans	#	Ans
1.	42	16.	34
2.	72	17.	78
3.	81	18.	83
4.	93	19.	35
5.	44	20.	29
6.	53	21.	36
7.	40	22.	74
8.	62	23.	5
9.	80	24.	50
10.	84	25.	13
11.	65	26.	68
12.	56	27.	86
13.	92	28.	3
14.	35	29.	28
15.	40	30.	87

Math Sprints 1

Answers

125 A & B — First Half

#		#	
1.	<	16.	>
2.	>	17.	<
3.	<	18.	>
4.	>	19.	<
5.	<	20.	<
6.	>	21.	<
7.	>	22.	>
8.	<	23.	>
9.	<	24.	>
10.	<	25.	<
11.	<	26.	>
12.	>	27.	<
13.	>	28.	<
14.	<	29.	>
15.	>	30.	>

126 A & B — First Half

#		#	
1.	67	16.	49
2.	68	17.	50
3.	67	18.	51
4.	68	19.	51
5.	69	20.	53
6.	70	21.	55
7.	80	22.	54
8.	70	23.	64
9.	71	24.	74
10.	72	25.	84
11.	74	26.	83
12.	74	27.	81
13.	64	28.	91
14.	66	29.	93
15.	58	30.	96

127 A & B — Second Half

60	87
66	87
79	91
62	83

125 A & B — First Half

#		#	
1.	<	16.	>
2.	>	17.	<
3.	<	18.	>
4.	>	19.	<
5.	<	20.	<
6.	>	21.	<
7.	>	22.	>
8.	<	23.	>
9.	<	24.	>
10.	<	25.	<
11.	<	26.	>
12.	>	27.	<
13.	>	28.	<
14.	<	29.	>
15.	>	30.	>

126 A & B — Second Half

#		#	
1.	57	16.	39
2.	58	17.	40
3.	57	18.	41
4.	58	19.	41
5.	59	20.	43
6.	60	21.	45
7.	70	22.	44
8.	50	23.	64
9.	71	24.	74
10.	72	25.	84
11.	74	26.	83
12.	74	27.	81
13.	64	28.	91
14.	66	29.	93
15.	58	30.	96

127 A & B — Second Half

50	78
57	74
79	71
75	83

© Singapore Math Inc.

Math Sprints 1

Answers

128 A & B	First Half
20	37
26	34
29	31
29	40

129 A & B	First Half
19	37
26	34
29	31
29	40

128 A & B	Second Half
20	37
26	34
29	31
29	40

129 A & B	Second Half
19	37
26	34
29	31
29	40